Maurício Zahn

Sequência de Fibonacci
E o Número de Ouro

Sequência de Fibonacci e o Número de Ouro

Copyright© Editora Ciência Moderna Ltda., 2011.
Todos os direitos para a língua portuguesa reservados pela EDITORA CIÊNCIA MODERNA LTDA.
De acordo com a Lei 9.610, de 19/2/1998, nenhuma parte deste livro poderá ser reproduzida, transmitida e gravada, por qualquer meio eletrônico, mecânico, por fotocópia e outros, sem a prévia autorização, por escrito, da Editora.

Editor: Paulo André P. Marques
Supervisão Editorial: Aline Vieira Marques
Copidesque: Eveline Vieira Machado
Capa: Cristina Satchko Hodge
Assistente Editorial: Vanessa Motta

Várias **Marcas Registradas** aparecem no decorrer deste livro. Mais do que simplesmente listar esses nomes e informar quem possui seus direitos de exploração, ou ainda imprimir os logotipos das mesmas, o editor declara estar utilizando tais nomes apenas para fins editoriais, em benefício exclusivo do dono da Marca Registrada, sem intenção de infringir as regras de sua utilização. Qualquer semelhança em nomes próprios e acontecimentos será mera coincidência.

FICHA CATALOGRÁFICA

ZAHN, Maurício
Sequência de Fibonacci e o Número de Ouro
Rio de Janeiro: Editora Ciência Moderna Ltda., 2011

1. Matemática.
I — Título

ISBN: 978-85-399-0001-5   CDD 510

Editora Ciência Moderna Ltda.
R. Alice Figueiredo, 46 – Riachuelo
Rio de Janeiro, RJ – Brasil   CEP: 20.950-150
Tel: (21) 2201-6662 / Fax: (21) 2201-6896
LCM@LCM.COM.BR
WWW.LCM.COM.BR

VIDI AQUAM * EGREDIÉNTEM DE TEMPLO, A LÁTERE DEXTRO, ALLELÚIA: ET OMNES, AD QUOS PERVÉNIT AQUA ISTA, SALVI FACTI SUNT, ET DICENT, ALLELÚIA, ALLELÚIA.

PS. 117. CONFITÉMINI DÓMINO QUÓNIAM BONUS: * QUÓNIAM IN SÆCULUM MISERICÓRDIA EIUS. GLÓRIA PATRI, ET FÍLIO, * ET SPIRÍTUI SANCTO. SICUT ERAT IN PRINCÍPIO, ET NUNC, ET SEMPER, * ET IN SÆCULA SÆCULÓRUM. AMEN.

Dedico este trabalho à Lisiane Ramires Meneses, minha sempre companheira, meu amor.

Prefácio

Estas notas foram feitas, inicialmente, para atender a um minicurso sobre *sequências de Fibonacci e o número de ouro* que ministrei na primeira semana acadêmica do curso de Licenciatura em Matemática, na Universidade Federal do Pampa (Unipampa), campus de Bagé-RS, de 24 a 28 de novembro de 2008. Após isso, decidi completar essas notas e muitos outros itens que julguei interessantes foram acrescentados, e outros que já havia, foram reforçados, resultando neste produto final. A maior dificuldade que senti em escrever essas notas foi encontrar referências bibliográficas. De fato, existe muita coisa interessante sobre estes assuntos pela Internet, da qual retirei muita informação para o trabalho, principalmente as figuras (os sites de onde eu as extraí foram listados no final da obra). Este material trata de dois assuntos aparentemente desconexos (a sequência de Fibonacci e o número de ouro), onde procurei, além de mostrar suas conexões, dar motivações tanto no contexto histórico quanto no contexto das aplicações.

Naturalmente, muita coisa a mais poderia ser escrita sobre esses assuntos, não os esgotei aqui (e nem conseguiria!). As referências bibliográficas me foram imprescindíveis para produzir este trabalho e estão contempladas ao final da obra.

Aproveito a oportunidade para agradecer ao meu amigo Alex Sandro Ferreira da Silva, pela revisão textual dos originais, aos meus ex-alunos da Unipampa Lucas dos S. Fernandez, Luismar Leão Souto e Richarlhes Ferreira da Silva, pela revisão do livro e à minha esposa, Lisiane Ramires Meneses, por todo apoio que sempre tem me dado e principalmente, pelo seu amor.

Pelotas, julho de 2010.

Maurício Zahn.

Conteúdo

1 Leonardo Fibonacci   **1**
   1.1 Leonardo Fibonacci 1
   1.2 Exercícios 3

2 A sequência de Fibonacci   **5**
   2.1 Origem 5
   2.2 Propriedades 7
   2.3 Situações onde surgem a sequência 9
      2.3.1 Uma aplicação na Física 9
      2.3.2 Triângulo de Pascal 10
      2.3.3 Natureza 11
   2.4 Outras sequências de Fibonacci 13
   2.5 Uma relação interessante 15
   2.6 Constante recíproca de Fibonacci 18
   2.7 Exercícios 21

3 O número de ouro   **23**
   3.1 Razão áurea e o número de ouro 23
   3.2 Potências de φ 29
   3.3 O retângulo áureo e a espiral 31
   3.4 Aplicações 38
   3.5 Exercícios 45

4 Números de Fibonacci e a razão áurea   **47**
   4.1 Os números de Fibonacci e o φ 47

viii CONTEÚDO

4.2 Exercícios 52

5 O número de ouro e a trigonometria   **53**

5.1 Resolvendo a equação $\tan x = \cos x$ 53

5.2 Determinação do cosseno de **36** graus 55

5.3 Determinação do sen 18° 58

5.4 O pentagrama e o φ 59

5.5 O π e a sequência de Fibonacci 62

5.6 O φ e os números complexos 65

5.7 Exercícios 67

Bibliografia   **69**

Índice   **70**

Capítulo 1

Leonardo Fibonacci

Neste capítulo, iremos apresentar um breve resumo histórico sobre *Leonardo Fibonacci*, matemático europeu responsável pela criação de uma importante sequência que estudaremos no capítulo seguinte. Ao final deste capítulo, apresentamos alguns exercícios extraídos de uma de suas quatro obras.

1.1 Leonardo Fibonacci

Leonardo Fibonacci foi um grande matemático europeu na época da Idade Média. Nasceu na Itália, em 1175, na cidade de Pisa, razão esta pela qual ficou conhecido também como Leonardo de Pisa. Fibonacci não era seu sobrenome propriamente dito, mas o diminutivo "Fillius Bonacci", que significava "filho de Bonaccio". Seu pai, *Guiliermo Bonnacci*, que era ligado aos negócios mercantis, foi convidado a trabalhar em Benjaia, na África, numa função alfandegária. Isto fez com que Leonardo (que chamaremos doravante de Fibonacci) se interessasse pela Aritmética. Após isto, Fibonacci fez várias viagens onde absorveu muito da cultura matemática da época e de diferentes povos (Egito, Síria, Grécia, Sicília, Provença). Fibonacci iniciou seus estudos de matemática com professores islâmicos. Com isto, aprendeu o sistema hindu-arábico, que se mostrava superior ao romano. Após regressar de suas viagens, escreveu as seguintes obras referentes aos seus estudos: *Liber Abbaci* (1202), *Practica Geometriæ* (1220), *Liber Quadratorum* (1225) e *Flos* (1225). O *Liber Abbaci* (O livro do ábaco) mostrou aos europeus as importantes descobertas dos árabes, bem como a superioridade do sistema de numeração hindu-

1.1 Leonardo Fibonacci

arábico, desenvolvido por al–Khwarizmi[1], ao romano.

Leonardo Fibonacci

Nesse livro, também estão presentes várias questões extremamente úteis para os mercadores da época, tais como conversões monetárias, juros, médias, entre outros. Além disso, existem outros tantos problemas, tais como problemas sobre movimento, o problema do resto chinês, a regra da falsa posição e diversos problemas resolvidos pelo uso de equações quadráticas. Durante a obra, também podemos encontrar alguma teoria, como, por exemplo, métodos para obter somas de séries e justificativas geométricas de fórmulas quadráticas.

Também nesse livro encontramos um problema de reprodução de coelhos que originou a famosa sequência de Fibonacci, que será definida e tratada no capítulo seguinte.

No livro *Practica Geometriæ*, Fibonacci apresentou uma ampla coletânea sobre a Geometria e a Trigonometria conhecidas na época.

Ouvindo falar sobre os talentos de Fibonacci, o imperador Frederico II convidou-o a participar de um torneio matemático em sua corte, promovido por João Palermo, membro da corte. Fibonacci aceitou o convite e foram apresentados a ele três problemas, os quais resolveu. Um deles, era encontrar um

---

[1] Abu 'Abd Allah Muhammad ibn Musa al–Khwarizmi foi matemático, astrônomo, astrólogo, geógrafo e autor persa. Conhecem-se poucos detalhes de sua vida, mas sabe-se que nasceu em Khiva, hoje Uzbequistão, por volta de 780, e que morreu em Bagdá por volta de 850. A palavra *álgebra* deriva do título de um de seus livros $al-Kitab\ al-mukhtasar\ fi\ hisab\ al-jabr\ wa\ l-muqabalah$ – Compêndio sobre a transposição e a redução – e por conseguinte ele é considerado o "pai" da Álgebra. As palavras algarismo e algoritmo são derivadas do seu nome. (http://pt.wikipedia.org/wiki/Al-Khwarizmi em 11/08.)

$x \in \mathbb{Q}$ tal que $x^2 - 5$ e $x^2 + 5$ fossem também racionais. Fibonacci apresentou a resposta, que é $x = \frac{41}{12}$. Esse mesmo problema, posteriormente, Fibonacci acrescentou em sua obra Practica Geometriæ. Outro problema proposto a ele consistia em achar uma solução para a equação $x^3 + 2x^2 + 10x = 20$. Leonardo mostrou que nenhuma solução pode ser expressa irracionalmente sob a forma $\sqrt{a + \sqrt{b}}$. Obteve, então, uma resposta aproximada, $x = 1,3688081075$, correta em até nove dígitos. Posteriormente, ele incorporou esse problema no seu livro Flos. O terceiro problema encontra-se na lista de exercícios a seguir.

Fibonacci faleceu no ano de 1250, em sua cidade natal.

1.2   Exercícios

Os exercícios a seguir são encontrados na obra Liber abbaci de Leonardo Fibonacci[2].

1. Um homem entra num pomar, depois de passar por sete portas, e colhe um certo número de maçãs. Quando deixa o pomar dá ao primeiro guarda metade das maçãs que tinha, mais uma. Ao segundo guarda ele dá a metade das maçãs restantes, mais uma. Depois de fazer o mesmo com os cinco guardas restantes, ele possui apenas uma maçã. Quantas ele colheu do pomar?

2. (Problema dos dois pássaros) Dois pássaros começam a voar do topo de duas torres a 50 pés de distância. Uma tem 30 pés de altura, a outra 40 pés de altura, começando ao mesmo tempo e voando à mesma velocidade. Chegam ao centro de uma fonte entre as duas torres ao mesmo tempo. A que distância está a fonte de cada uma das torres?

3. Há um poste inclinado de encontro a uma certa torre, tendo 20 pés de comprimento; a base do poste está separada da torre em 12 pés. Procura-se: quantos pés o fim do poste está abaixo do topo da torre?

4. Num determinado chão estão dois postes, que estão afastados, apenas, 12 pés. O poste menor tem de altura 35 pés e o maior 40 pés. Procura-se: se o poste maior cair sobre o menor, então em que parte dele (do poste maior) tocará o menor?

---

[2]Estes exercícios foram extraídos e adaptados do site:
http://www.malhatlantica.pt/mathis/Europa/Medieval/fibocacci/Liberabaci1.htm

4 1.2 Exercícios

5. Há uma cisterna cheia de água que leva 1000 barris e que tem 20 pés de largura, 24 pés de comprimento e 30 pés de altura. Procura-se que quantidade de água se desloca se uma pedra cúbica, tendo de lado 6 pés, for lançada na água?

6. Um certo homem construiu um palácio e para proteger a sua riqueza, construiu um armário com 4 triângulos. Cada lado tinha de comprimento 36 palmos e a sua base tinha 36 palmos, e deu a três mestres a pintura do armário. O primeiro pintou a sua parte, nomeadamente a terceira parte, começando pela parte de cima do armário e acabando numa linha paralela à base do armário; o segundo empenhou-se na pintura da sua terça parte depois do primeiro; o terceiro pintou o restante. Procura-se: quanto cada um pintou da linha ascendente do triângulo, quando é proposto que cada um pinte a terça parte do triângulo?

7. (Terceiro problema proposto a Fibonacci no torneio de Matemática na corte do imperador Frederico II) Três homens possuem um monte de moedas, sendo suas partes $\frac{1}{2}$, $\frac{1}{3}$ e $\frac{1}{6}$. Cada homem retira algumas moedas do monte de moedas até que nada reste. O primeio homem põe, então, de volta $\frac{1}{2}$ do que retirou, o segundo $\frac{1}{3}$ e o terceiro $\frac{1}{6}$. Quando se divide igualmente entre os três o total de moedas postas de volta, verifica-se que cada homem fica exatamente com a quantia de moedas que lhe pertence. Quantas moedas havia no monte original e quantas cada homem retirou do monte?

Capítulo 2

A sequência de Fibonacci

Neste capítulo, iremos definir recursivamente a sequência de Fibonacci, bem como apresentar suas principais propriedades. A maioria das demonstrações presentes neste capítulo utiliza o princípio da indução matemática. Para uma eventual consulta deste princípio, recomendamos [El] ou [Mz]. Iniciemos com um problema que originou a referida sequência.

2.1 Origem

No livro Liber Abacci de Leonardo, no capítulo 12 (*De solutionibus multarum positarum questionum quas erraticas appellamus*), temos o seguinte problema, provavelmente oriundo do papiro de Rhind[1], que motivou a criação da sequência de Fibonacci:

O problema da reprodução dos coelhos. *"Um homem pôs um par de filhotes de coelhos num lugar cercado de muro por todos os lados. Quantos pares de coelhos podem ser gerados a partir desse par em um ano se, supostamente, todo mês cada par dá à luz a um novo par, que é fértil a partir do segundo mês?"*

Solução. Considerando as condições do problema, vejamos o processo de reprodução em cada mês:

- No primeiro mês, o casal inicial é filhote, temos, assim, um casal de

---

[1]Comentaremos sobre este papiro no capítulo seguinte.

6 2.1 Origem

coelhos.

- No segundo mês, temos ainda o mesmo casal de coelhos, mas já é adulto e, portanto, fértil.

- No terceiro mês, temos o casal acima e mais um casal de filhotes que é gerado por eles. Portanto, temos dois casais de coelhos.

- No quarto mês, temos o casal adulto inicial, mais o casal jovem do mês anterior, que já se torna fértil, e mais um novo casal do primeiro casal de adultos. Temos, portanto, três casais de coelhos.

- No quinto mês, temos o casal inicial de adultos, que produz um novo casal de filhotes, o segundo casal de adultos, que produz outro casal de filhotes e o casal de filhotes produzido no mês anterior, que se torna fértil. Temos, portanto, cinco casais de coelhos (dois casais de adultos mais três de filhotes).

- No sexto mês, teremos três casais de adultos que produzirão três casais de filhotes, mais dois casais de filhotes. Portanto, teremos oito casais de coelhos (três adultos mais cinco filhotes).

- No sétimo mês, teremos treze casais de coelhos (cinco adultos mais oito filhotes).

- Etc.

Repare nesta solução que, a partir do terceiro mês, o número de casais de coelhos num certo mês é exatamente igual à soma do número de casais dos dois meses anteriores. Assim, obtemos uma sequência, onde cada elemento representa o número de casais de coelhos e sua posição na lista representa o mês:

$$(1, 1, 2, 3, 5, 8, 13, 21, 34, 55, 89, 144).$$

Isto motivou Fibonacci a definir a seguinte sequência, conhecida como *sequência de Fibonacci*[2].

Definição 2.1 Chama-se *sequência de Fibonacci* a sequência definida por

$$(1, 1, 2, 3, 5, 8, 13, 21, 34, ...)$$

onde os termos dessa sequência chamam-se *números de Fibonacci*.

---

[2]De fato, tal sequência recebeu o nome de Fibonacci no século XIX pelo matemático francês Edouard Lucas (1842-1891), que também desenvolveu uma sequência chamada sequência de Lucas, que possui associações com a sequência de Fibonacci definida acima. Para obter mais detalhes, veja o exercício 7 ao final do capítulo.

2.2 **Propriedades** 7

Repare que, a partir do segundo termo, cada termo da sequência é igual à soma dos dois termos anteriores.

Chamando f_n o número de Fibonacci encontrado na posição n da sequência acima, podemos dar uma definição recursiva para essa sequência.

Definição 2.2 Chama-se *sequência de Fibonacci* a sequência definida recursivamente por
$$f_1 = f_2 = 1,$$
$$f_{n+1} = f_n + f_{n-1}, \forall n \geq 2.$$

2.2 Propriedades

A seguir, apresentamos algumas proposições que encerram várias propriedades da sequência de Fibonacci. Outras encontram-se na lista de exercícios ao final do capítulo.

Proposição 2.1 *Dois números de Fibonacci consecutivos são primos entre si.*

Demonstração. Sejam f_n e f_{n+1} dois números de Fibonacci consecutivos. Vamos mostrar que m.d.c$(f_n, f_{n+1}) = 1$, $\forall n$. Por absurdo, se para um certo n_0 tivermos m.d.c$(f_{n_0}, f_{n_0+1}) = d \neq 1$, segue que $d|f_{n_0}$ e $d|f_{n_0+1}$. Como $f_{n_0+1} = f_{n_0} + f_{n_0-1}$ e $d|f_{n_0+1}$ e $d|f_{n_0}$, segue que $d|f_{n_0-1}$.
Então, $d|f_{n_0}$ e $d|f_{n_0-1}$.
Mas $f_{n_0} = f_{n_0-1} + f_{n_0-2}$ e, pelos mesmos argumentos acima, concluímos que $d|f_{n_0-2}$.
Seguindo estes raciocínios, chegaremos a $d|f_2$ e $d|f_1$, mas $f_1 = f_2 = 1$ e, então, temos $d|1$, ou seja, $d = 1$, mas isto contradiz a hipótese de que $d \neq 1$. Absurdo! Portanto, m.d.c$(f_n, f_{n+1}) = 1$, $\forall n$, i.e., dois números de Fibonacci consecutivos quaisquer são primos entre si.

c.q.d.

Proposição 2.2 *Seja (f_n) a sequência de Fibonacci. Então, $\forall n \geq 1$, valem as propriedades:*

(a) $\displaystyle\sum_{i=1}^{n} f_i = f_{n+2} - 1.$

(b) $\displaystyle\sum_{i=1}^{n} f_{2i-1} = f_{2n}.$

8 2.2 Propriedades

(c) $\displaystyle\sum_{i=1}^{n} f_{2i} = f_{2n-1} - 1.$

(d) $\displaystyle\sum_{i=1}^{n} f_i^2 = f_n \cdot f_{n+1}.$

(e) $f_{m+n} = f_{m-1}f_n + f_m f_{n+1}, \ \forall m, n, \ m > 1.$

Demonstração. Todas estas propriedades podem ser facilmente provadas por indução. Faremos apenas as provas de (a) e (b) e deixaremos as demais como exercício para o leitor.

(a) Queremos mostrar aqui que $f_1 + f_2 + ... + f_n = f_{n+2} - 1, \ \forall n \geq 1.$

(i) Note que, para $n = 1$, temos $f_1 = 1$ e $f_{1+2} - 1 = f_3 - 1 = 2 - 1 = 1$. Assim, $f_1 = f_{1+2} - 1 = 1$ e, portanto, vale a base da indução.

(ii) Suponhamos que a igualdade requerida seja válida para um certo índice n, ou seja, que vale

$$f_1 + f_2 + ... + f_n = f_{n+2} - 1.$$

Vamos mostrar que ela também é verdadeira para $n + 1$, ou seja, mostraremos que

$$f_1 + f_2 + ... + f_{n+1} = f_{n+3} - 1.$$

De fato, somando f_{n+1} em ambos os membros da hipótese de indução e notando que $f_{n+1} + f_{n+2} = f_{n+3}$, temos

$$f_1 + f_2 + ... + f_n + f_{n+1} = f_{n+1} + f_{n+2} - 1 = f_{n+3} - 1.$$

Isto completa a prova da indução de (a).

(b) Vamos mostrar agora que $f_1 + f_3 + f_5 + ... + f_{2n-1} = f_{2n}, \ \forall n \geq 1$, ou seja, mostrar que a soma dos termos ímpares de uma sequência de Fibonacci até a ordem $2n - 1$ é igual ao próximo número de Fibonacci, que é o próximo termo par da sequência.

(i) A igualdade vale para $n = 1$. De fato, basta observar que $f_1 = f_2 = 1$. Logo, vale a base da indução.

2.3 Situações onde surgem a sequência   9

(ii) Suponhamos que a igualdade seja verdadeira para um certo índice n, ou seja, que vale $f_1 + f_3 + f_5 + ... + f_{2n-1} = f_{2n}$. Vamos mostrar que também vale para $n + 1$. De fato, basta somar o próximo termo ímpar em cada lado da igualdade (hipótese da indução) e iremos obter

$$f_1 + f_3 + f_5 + ... + f_{2n-1} + f_{2n+1} = f_{2n} + f_{2n+1} = f_{2n+2}.$$

Isto completa a prova de (b).

c.q.d.

Proposição 2.3 *Dados $k, n \in \mathbb{N}$, temos que f_n é múltiplo de f_{kn}.*

Demonstração. Sejam $n, k \in \mathbb{N}$. Vamos mostrar que $f_n | f_{kn}$. Para cada n fixado, faremos a demonstração por indução sobre k.

(i) Observe que para $k = 1$ temos $f_n | f_n$. Logo, vale a base da indução.

(ii) Suponhamos que a afirmação seja verdadeira para um certo k, ou seja, que $f_n | f_{kn}$. Precisamos mostrar que vale para $k + 1$, ou seja, mostrar

$$f_n | f_{(k+1)n}.$$

Assim, aplicando o item (e) da proposição anterior, temos

$$f_{(k+1)n} = f_{kn+n} = f_{kn-1} f_n + f_{kn} f_{n+1}$$

Como $f_n | f_{kn-1}$ e $f_n | f_{kn}$, por hipótese, segue que $f_n | f_{(k+1)n}$.

Isto conclui a prova da proposição.

c.q.d.

2.3   Situações onde surgem a sequência

Nesta seção vamos descrever algumas situações simples onde aparece a sequência de Fibonacci.

2.3.1   Uma aplicação na Física

Seja um conjunto formado por duas placas de vidro justapostas, com índices de refração diferentes. Um raio de luz que incidir sobre tal conjunto pode sofrer reflexões e desvios de várias formas, todas elas descritas no esquema abaixo:

10 2.3 Situações onde surgem a sequência

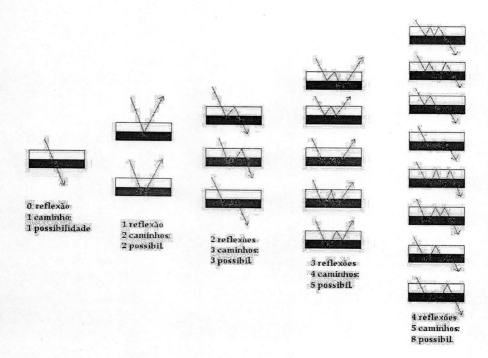

Note que o número de possibilidades é, respectivamente, $1, 2, 3, 5, 8$ etc. Ou seja, montamos, na ordem, os termos da sequência de Fibonacci.

2.3.2 Triângulo de Pascal

Observando o triângulo de Pascal[3], que se trata de uma disposição geométrica dos números binomiais, quando se estuda o binômio de Newton, percebe-se que a sequência de Fibonacci pode ser obtida somando os elementos das diagonais do referido triângulo. Isto pode ser observado no esquema a seguir:

---

[3]Para obter mais detalhes consulte, por exemplo [Sh].

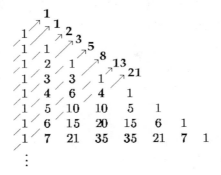

2.3.3 Natureza

Perceba que, na natureza, algumas plantas curiosamente (ou seria uma harmonia divina?) possuem números de Fibonacci escondidos por trás de sua beleza. A seguir, apresentamos alguns exemplos.

Geralmente[4], as margaridas têm 13, 21, 34, 55 ou 89 pétalas:

à direita, margarida com 13 pétalas; à esquerda, com 21.

---

[4]Veja bem, **geralmente**, ou seja, nem sempre isso ocorre. Embora isto possa ocorrer com frequência na natureza, não podemos sair pelo mundo afora "fibonatizando" tudo. Por exemplo, só porque a fórmula química da água é H_2O, 1 átomo de oxigênio, 2 de hidrogênio, e, portanto, no total 3 átomos, não podemos concluir que tudo seja derivado da sequência de Fibonacci.

2.3 Situações onde surgem a sequência

à esquerda, margarida; à direita, outra flor - ambas com 34 pétalas

Muitas flores possuem 5 pétalas; os trevos normais possuem 3 folhas.

à esquerda, granola - 5 pétalas; à direita, lírio - 5 pétalas

A natureza também "organizou" as sementes do girassol sem intervalos, na forma mais eficiente possível, formando espirais que se curvam para a esquerda e para a direita. No capítulo seguinte, há uma ilustração de um girassol, bem como um esquema de espirais. O número de espirais em cada direção é sempre um número próximo dos números da sequência de Fibonacci.

As ramificações de algumas árvores (veja bem, algumas!) também apresentam a sequência de Fibonacci: primeiramente um galho, que se ramifica em dois e depois em três e assim por diante. Abaixo, apresentamos algumas ilustrações que foram fotografadas pelo autor.

2.4 Outras sequências de Fibonacci

Existem outras sequências não nulas de Fibonacci, i.e, sequências onde cada termo, a partir do segundo, é exatamente igual à soma dos dois termos anteriores, ou seja, que obedecem à lei recursiva $f_{n+1} = f_n + f_{n-1}$. Assim, outros exemplos de sequências de Fibonacci são $(4, 4, 8, 12, 20, 32, 52, ...)$ e a *sequência de Lucas*, que está definida no exercício 7 deste capítulo.

Neste contexto, perguntamos: quando uma progressão geométrica

$$(q, q^2, q^3, ..., q^n, ...)$$

é uma sequência de Fibonacci?
Naturalmente, sendo $f_n = q^n$, segue que uma progressão geométrica será uma sequência de Fibonacci quando, e somente quando, cumprir a igualdade

$$q^{n+1} = q^n + q^{n-1}, \forall n \geq 2.$$

Dividindo toda esta igualdade por $q^{n-1} \neq 0$, obtemos a equação

$$q^2 = q + 1$$

que possui as raízes

$$r_1 = \frac{1 - \sqrt{5}}{2}, \quad r_2 = \frac{1 + \sqrt{5}}{2}.$$

De fato, existe uma relação entre estas raízes com o conceito de razão áurea que veremos no capítulo seguinte.
A proposição seguinte nos fornece uma fórmula que relaciona um termo qualquer de uma sequência de Fibonacci com os números r_1 e r_2 acima obtidos. Isto nos dará subsídios para provar a proposição posterior a esta.

14 2.4 Outras sequências de Fibonacci

Proposição 2.4 *Seja* $(f_1, f_2, f_3, \ldots)$ *uma sequência de Fibonacci qualquer. Então, existem* $\alpha, \beta \in \mathbb{R}$ *tais que*

$$f_n = \alpha r_1^n + \beta r_2^n, \ \forall n \geq 1.$$

Demonstração. Faremos a prova usando a segunda forma do princípio da indução matemática.

(i) Note que para $n = 1$ e $n = 2$ temos que o sistema

$$\begin{cases} \alpha r_1 + \beta r_2 = f_1 \\ \alpha r_1^2 + \beta r_2^2 = f_2 \end{cases}$$

nas variáveis α e β possui solução única. De fato, basta notar que o seguinte determinante é diferente de zero:

$$\begin{vmatrix} r_1 & r_2 \\ r_1^2 & r_2^2 \end{vmatrix} = r_1 r_2^2 - r_1^2 r_2 = \frac{1 - \sqrt{5}}{2} \frac{3 + \sqrt{5}}{2} - \frac{1 + \sqrt{5}}{2} \frac{3 - \sqrt{5}}{2} = -\sqrt{5} \neq 0.$$

Portanto, vale a base de indução, ou seja, α e β são unicamente determinados para $n = 1$ e $n = 2$.

(ii) Supondo que a afirmação seja verdadeira para todo $m \leq n$, mostraremos que também é verdadeiro para $n + 1$.

De fato, basta observar que

$$f_{n+1} = f_n + f_{n-1} = \alpha r_1^n + \beta r_2^n + \alpha r_1^{n-1} + \beta r_2^{n-1} =$$

$$= \alpha r_1^{n-1}(r_1 + 1) + \beta r_2^{n-1}(r_2 + 1) = \alpha r_1^{n-1} r_1^2 + \beta r_2^{n-1} r_2^2 = \alpha r_1^{n+1} + \beta r_2^{n+2}.$$

Logo, completamos a prova por indução.

c.q.d.

Embora estas outras sequências de Fibonacci sejam interessantes, não é nosso objetivo explorá-las aqui. Sendo assim, iremos continuar de agora em diante com a sequência original de Fibonacci, ou seja, $(1, 1, 2, 3, 5, 8, 13, \ldots)$.

Nestas condições, considerando essa sequência de Fibonacci padrão, da proposição anterior obtemos a seguinte, conhecida como *fórmula de Binet*, que fornece uma maneira de determinar qualquer número de Fibonacci f_n, a partir de sua posição n na sequência.

Proposição 2.5 *O número de Fibonacci f_n pode ser obtido pela fórmula seguinte, conhecida como Fórmula de Binet:*

$$f_n = \frac{1}{\sqrt{5}} \left[\frac{1 + \sqrt{5}}{2} \right]^n - \frac{1}{\sqrt{5}} \left[\frac{1 - \sqrt{5}}{2} \right]^n.$$

Demonstração. Basta aplicar a proposição anterior para

$$(f_n) = (1, 1, 2, 3, 5, 8, 13, \ldots).$$

Neste caso, teremos o seguinte sistema linear

$$\begin{cases} \alpha r_1 + \beta r_2 = 1 \\ \alpha r_1^2 + \beta r_2^2 = 1 \end{cases}$$

nas variáveis α e β. Assim, resolvendo tal sistema, obtemos

$$\alpha = -\frac{1}{\sqrt{5}} \quad \text{e} \quad \beta = \frac{1}{\sqrt{5}},$$

e isto conclui a prova desta proposição.

c.q.d.

2.5 Uma relação interessante

Nesta seção vamos apresentar um resultado curioso. Vamos considerar as representações decimais das seguintes frações:

$$\frac{100}{89}, \frac{10000}{9899}, \frac{1000000}{998999}, \frac{100000000}{99989999}, \ldots$$

e assim por diante.

Observamos que as representações decimais destes números são

- $\dfrac{100}{89} = 1,1\,2\,3\,5\ \ 505617977752808987640449438202247191011235955 0561$
  $7977528089887640449438202247191 0112\ldots;$

- $\dfrac{10000}{9899} = 1,01\,02\,03\,05\,08\,13\,21\,34\,55\ \ 904636832003232649762602283058$
  $8948378624103444792403273057\ldots;$

16 2.5 Uma relação interessante

- $\dfrac{1000000}{998999} = 1,001\ 002\ 003\ 005\ 008\ 013\ 034\ 055\ 089\ 144\ 233$
  $\qquad\qquad 377\ 610\ 988599588187775963739703443146589736 3260...;$

- $\dfrac{100000000}{99989999} = 1,0001\ 0002\ 0003\ 0005\ 0008\ 0013\ 0021\ 0034\ 0055\ 0089$
  $\qquad\qquad 0144\ 0233\ 0377\ 0610\ 0987\ 1597\ 2584\ 4181\ 6766\ 0947...;$

- $\qquad\qquad\qquad\qquad\vdots$

Observe que, à medida que vamos montando as frações da maneira que consideramos, os dígitos das aproximações decimais vão gerando a sequência de Fibonacci!

Mostramos abaixo a justificativa de tais resultados, justificando que esta curiosidade tem, na verdade, embasamento matemático.

Considere a função $f : \mathbb{R} - \left\{ \frac{-1+\sqrt{5}}{2}, -\frac{1+\sqrt{5}}{2} \right\} \to \mathbb{R}$ definida por

$$f(x) = \frac{1}{1 - x - x^2}.$$

Notando que a expressão que define f pode ser representada por

$$f(x) = \frac{1}{1 - x - x^2} = \frac{1}{1 - x(1 + x)},$$

à qual, para $|x(1 + x)| < 1$, podemos identificar como a soma infinita da progressão geométrica $(1, x(1 + x), x^2(1 + x)^2, ...)$:

$$\frac{1}{1 - x - x^2} = \frac{1}{1 - x(1 + x)} = \sum_{n=0}^{+\infty} [x(1 + x)]^n =$$

$$= 1 + x(1 + x) + [x(1 + x)]^2 + [x(1 + x)]^3 + [x(1 + x)]^4 + ... =$$

$$= 1 + x + x^2 + x^2(1 + 2x + x^2) + x^3(1 + 3x + 3x^2 + x^3) + x^4\left(1 + 4x + 6x^2 + \right.$$

$$\left. + 4x^3 + x^4\right) + x^5(1 + 5x + 10x^2 + 10x^3 + 5x^4 + x^5) + ... =$$

$$= 1 + x + x^2 + x^2 + 2x^3 + x^4 + x^3 + 3x^4 + 3x^5 + x^6 + x^4 + 4x^5 + 6x^6 + 4x^7 + x^8 + x^5 + 5x^6 +$$

$$+ 10x^7 + 10^8 + 5x^9 + x^{10} + ... =$$

$$= 1 + x + 2x^2 + 3x^3 + 5x^4 + 8x^5 + 13x^6 + ... = f_1 + f_2 x + f_3 x^2 + f_4 x^3 + f_5 x^4 + f_6 x^5 + ... =$$

$$= \sum_{n=0}^{+\infty} f_{n+1} x^n.$$

Portanto,

$$f(x) = \frac{1}{1 - x - x^2} = \sum_{n=0}^{+\infty} f_{n+1} x^n.$$

Assim, para $x = 0,1$ temos

$$f(0,1) = \frac{1}{1 - 0,1 - (0,1)^2} = \frac{1}{1 - \dfrac{1}{10} - \dfrac{1}{100}} = \frac{100}{89},$$

que, pela série infinita determinada, obtemos[5]

$$f(0,1) = 1 + 0,1 + 2(0,1)^2 + 3(0,1)^3 + 5(0,1)^4 + 8(0,1)^5 + 13(0,1)^6 + 21(0,1)^7 + \dots =$$

$$= 1,1\,2\,3\,5 \quad 50561797752808987640449438202247191011235950561\dots$$

Logo,

$$\frac{100}{89} = 1,1\,2\,3\,5 \quad 50561797752808987640449438202247191011235950561\dots$$

Para $x = 0,01$ temos

$$f(0,01) = \frac{1}{1 - 0,01 - (0,01)^2} = \frac{10000}{9899},$$

que, pela série infinita determinada, obtemos

$$f(0,01) = 1 + 1(0,01) + 2(0,01)^2 + 3(0,01)^3 + 5(0,01)^4 + 8(0,01)^5 + \dots =$$

$$= 1,01\,02\,03\,05\,08\,13\,21\,34\,55 \quad 90463683200323264976260022830\dots$$

Logo,

$$\frac{10000}{9899} = 1,01\,02\,03\,05\,08\,13\,21\,34\,55 \quad 90463683200323264976260022830\dots$$

e assim por diante, atribuindo sucessivamente a x os valores $0,001$, $0,0001$ et cetera.

---

[5]Estes cálculos foram realizados com o auxílio do software Maple 11, da Waterloo Maple Inc. 1981-2007.

2.6 Constante recíproca de Fibonacci

Considere a série infinita

$$\sum_{j=1}^{+\infty} \frac{1}{f_j} = \frac{1}{f_1} + \frac{1}{f_2} + \frac{1}{f_3} + \frac{1}{f_4} + \frac{1}{f_5} + \dots$$

$$= 1 + 1 + \frac{1}{2} + \frac{1}{3} + \frac{1}{5} + \frac{1}{8} + \frac{1}{13} + \frac{1}{21} + \dots$$

que consiste na soma infinita dos inversos dos termos da sequência de Fibonacci.

Note que essa série consiste em uma soma infinita de termos positivos e, portanto, a série é crescente. Inferiormente, essa série é limitada por 3, ou seja,

$$\sum_{j=1}^{+\infty} \frac{1}{f_j} = 1 + 1 + \frac{1}{2} + \frac{1}{3} + \frac{1}{5} + \frac{1}{6} + \dots > 1 + 1 + \frac{1}{2} + \frac{1}{3} + \frac{1}{5} = 2 + \frac{31}{30} > 3$$

Mostraremos também que essa série é limitada superiormente por 4. De fato, basta notar que

$$\sum_{j=1}^{+\infty} \frac{1}{f_j} = 1 + 1 + \frac{1}{2} + \frac{1}{3} + \frac{1}{5} + \frac{1}{8} + \frac{1}{21} + \frac{1}{34} + \frac{1}{55} + \frac{1}{89} + \dots$$

Associando dois a dois os termos da série, temos

$$\sum_{j=1}^{+\infty} \frac{1}{f_j} = (1+1) + \left(\frac{1}{2} + \frac{1}{3}\right) + \left(\frac{1}{5} + \frac{1}{8}\right) + \left(\frac{1}{21} + \frac{1}{34}\right) + \left(\frac{1}{55} + \frac{1}{89}\right) + \dots <$$

$$< 2 + \left(\frac{1}{2} + \frac{1}{2}\right) + \left(\frac{1}{4} + \frac{1}{4}\right) + \left(\frac{1}{8} + \frac{1}{8}\right) + \left(\frac{1}{16} + \frac{1}{16}\right) + \dots =$$

$$= 2 + 2 \cdot \frac{1}{2} + 2 \cdot \frac{1}{4} + 2 \cdot \frac{1}{8} + 2 \cdot \frac{1}{16} + 2 \cdot \frac{1}{32} + \dots =$$

$$= 2 \left(1 + \frac{1}{2} + \frac{1}{2^2} + \frac{1}{2^3} + \frac{1}{2^4} + \dots\right) = 2 \cdot \frac{1}{1 - \dfrac{1}{2}} = 2 \cdot 2 = 4.$$

Portanto, acabamos de mostrar que

$$3 < \sum_{j=1}^{+\infty} \frac{1}{f_j} < 4.$$

2.6 Constante recíproca de Fibonacci   19

Portanto, sendo a série acima crescente e limitada, temos que sua soma converge para um número s, $3 < s < 4$.

Abaixo, temos montado e executado no software *Maple 11* um algoritmo que calculou, respectivamente, a soma dos os 10 primeiros termos, depois a soma do 100 primeiros termos até, por fim, a soma dos 3000 primeiros termos da série acima, usando 500 dígitos após a vírgula.

```
> restart;
> Digits := 500;
```

$$500$$

```
> f_1 := 1; f_2 := 1;
```

$$1$$

$$1$$

```
> for n from 3 to 5000 do f_n := f_{n-2} + f_{n-1} end do:
```

$$> s_1 := evalf\left(\sum_{j=1}^{10} \frac{1}{f_j}\right);$$

3.33046904076315841021723374664551135139370433488080546904076315841021723374664551135139370433488080546904076315841021723374664551135139370433488080546904076315841021723374664551135139370433488080546904076315841021723374664551135139370433488080546904076315841021723374664551135139370433488080546904076315841021723374664551135139304334880805469040763158410217233746645511351393704334880805469040763158410217233746645511351393043348808054690407631584102172337466455113513937043348808054690407631584102

$$> s_2 := evalf\left(\sum_{j=1}^{100} \frac{1}{f_j}\right);$$

3.359885666243177553167443486750562109562167678736405868670719218182523420649035967283405358843364734041368540887382036927853981954305452334484309374492608034519289340823573375324496198361598238341648709102809544502230129156690518131334978515067760786680654356753438061094834136867958858386260800726319262213443826426533336976068028481594493184009785654034260659330305192904016287374117207680810858353492746905493162569367669182264974416391824856130925493322791336710450587450611459936712556028193689 5

20 2.6 Constante recíproca de Fibonacci

$$> s_3 := evalf\left(\sum_{j=1}^{1000} \frac{1}{f_j}\right);$$

3.359885666243177553172011302918927179688905133731968486495553815325
13031899668338361541621645679008729704534292885391330413678901710
08836795913517330771190785803335503325077531875998504871797778970
06039564509178151091115019514924864451909814023445752230740557326
07659878528062498699471629046055051920162068597924298852584523122
39519457322873414648091636575494038987310320780024691936821893510
78731018566631789535718832182547411391887081894555170281102246935
16922524696775760488121159505016870387326 36

$$> s_4 := evalf\left(\sum_{j=1}^{2000} \frac{1}{f_j}\right);$$

3.359885666243177553172011302918927179688905133731968486495553815325
13031899668338361541621645679008729704534292885391330413678901710
08836795913517330771190785803335503325077531875998504871797778970
06039564509215375892775265673354024033169441799293934610992626257
96464765186865944971021655898436088147269324959107947387367337852
33268774997627277579468536769185419814676687429987673820969139012
17722024405208151094264934568380389883909967355286702023913500606
04394370707090380043943413790691518808836 13

$$> s_5 := evalf\left(\sum_{j=1}^{2200} \frac{1}{f_j}\right);$$

3.359885666243177553172011302918927179688905133731968486495553815325
13031899668338361541621645679008729704534292885391330413678901710
08836795913517330771190785803335503325077531875998504871797778970
06039564509215375892775265673354024033169441799293934610992626257
96464765186865944971021655898436088147269324959107947387367337852
33268774997627277579468536769185419814676687429987673820969139012
17722024405208151094264934951374541667278955344470777775847802596
340158605176395330163929558160696833145762 9

$$> s_6 := evalf\left(\sum_{j=1}^{2500} \frac{1}{f_j}\right);$$

3.359885666243177553172011302918927179688905133731968486495553815325
13031899668338361541621645679008729704534292885391330413678901710

08836795913517330771190785803335503325077531875998504871797778970
06039564509215375892775265673354024033169441799293934610992626257
96464765186865944971021655898436088147269324959107947387367337852
33268774997627277579468536769185419814676687429987673820969139012
17722024405208151094264934951374541667278955344470777775847802596
340769074847415557910420067501520341070 5335

$$> s_7 := evalf\left(\sum_{j=1}^{3000} \frac{1}{f_j}\right);$$

3.35988566624317755317201130291892717968890513373196848649555381 5325
13031899668338361541621645679008729704534292885391330413678901710
08836795913517330771190785803335503325077531875998504871797778970
06039564509215375892775265673354024033169441799293934610992626257
96464765186865944971021655898436088147269324959107947387367337852
33268774997627277579468536769185419814676687429987673820969139012
17722024405208151094264934951374541667278955344470777775847802596
340769074847415557910420067501520341070 5335

Percebe-se que a soma infinita $\sum_{j=1}^{n} \frac{1}{f_j}$ se aproxima de 3,3598856662431775... quando o número de termos n tende para mais infinito. Esse número entre 3 e 4 chama-se *constante recíproca de Fibonacci* e é um número irracional. Sua irracionalidade foi provada em 1989 por *André-Jeannin*[6].

2.7 Exercícios

1. Mostre que $2|f_n$ se, e somente se, $3|n$.

2. Mostre que se $f_m|f_n$, então $m|n$.

3. Sendo f_i um número de Fibonacci, $\forall i$, mostre através do princípio da indução matemática que $n \geq 1$

$$f_1 + 2f_2 + 3f_3 + ... + nf_n = (n+1)f_{n+2} - f_{n+4} + 2.$$

4. Mostre que se $2|f_n$, então $4|(f_{n+1}^2 - f_{n-1}^2)$.

---

[6]Mais detalhes você encontra no site
http://mathworld.wolfram.com/ReciprocalFibonacciConstant.html

22   2.7 Exercícios

5. Prove que

$$(f_n f_{n+3})^2 + (2f_{n+1}f_{n+2})^2 = (f_{2n+3})^2, \ \forall n \in \mathbb{N}.$$

6. Prove que

$$f_n^2 - f_{n+3}f_{n-3} = 4(-1)^{n+1}, \ \forall n \geq 4.$$

7. No século XIX, o matemático francês Edouard Lucas desenvolveu uma sequência, conhecida como *sequência de Lucas*. Define-se tal sequência recursivamente por

$$l_1 = 2, \ l_2 = 1$$

$$l_{n+1} = l_n + l_{n-1}, \forall n \geq 2.$$

onde l_n denota o *número de Lucas* na posição n da referida sequência. Assim, temos $(l_n) = (2, 1, 3, 4, 7, 11, 18, ...)$. Com base nesta definição, prove as seguintes propriedades associando esta sequência à de Fibonacci:

   (a) $l_n = f_{n-2} + f_n, \ \forall n \geq 3$
   (b) $f_{2n} = f_n \cdot l_{n+1}, \ \forall n \geq 2$

8. Demonstre a identidade de Cassini: o quadrado de qualquer termo da sequência de Fibonacci difere do produto dos termos adjacentes por 1 ou -1, ou seja,

$$f_{n-1}f_{n+1} - f_n^2 = (-1)^n.$$

   Sugestão: Ao invés de fazer as contas, verifique o resultado surpreendente

$$\begin{pmatrix} 1 & 1 \\ 1 & 0 \end{pmatrix}^n = \begin{pmatrix} f_{n+1} & f_n \\ f_n & f_{n-1} \end{pmatrix}$$

   e use o fato de que em duas matrizes quadradas A e B de mesma ordem, temos $\det(AB) = \det A \cdot \det B$.

9. Mostre que a igualdade a seguir é verdadeira:

$$\frac{1}{f_{n-1}f_{n+1}} = \frac{1}{f_{n-1}f_n} - \frac{1}{f_n f_{n+1}}, \ \ \forall n \geq 3.$$

10. Usando a igualdade do item anterior, mostre que $\displaystyle\sum_{n=2}^{+\infty} \frac{1}{f_{n-1}f_{n+1}} = 1.$

Capítulo 3

O número de ouro

Neste capítulo, iremos definir uma razão entre as medidas de um segmento que foi muito apreciada pelos gregos da Grécia antiga. Veremos que essa razão ainda é muito usada e que também surge na própria natureza. Dessa razão, obteremos um número real chamado *número de ouro*, que também será aqui discutido. Estudaremos também o *retângulo áureo* e a *espiral de ouro* obtida desse retângulo. No capítulo seguinte, apresentaremos uma interessante conexão deste assunto com a sequência de Fibonacci, que fora estudada no capítulo anterior. Iniciemos este capítulo definindo a *razão áurea* e o *número de ouro*.

3.1 Razão áurea e o número de ouro

Definição 3.1 Dizemos que um ponto C divide um segmento $\overline{AB}$ na *razão áurea* (i.e., em média e extrema razão) se

$$\frac{\overline{AB}}{\overline{BC}} = \frac{\overline{BC}}{\overline{AC}}.$$

De acordo com esta definição, chamando $\overline{AB} = a$ e $\overline{BC} = x$, temos que $\overline{AC} = a - x$ e queremos obter o número que corresponde à proporção

$$\frac{\overline{AB}}{\overline{AC}} = \frac{a}{a - x}.$$

3.1 Razão áurea e o número de ouro

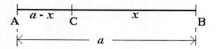

De acordo com as informações acima, temos

$$\frac{\overline{AB}}{\overline{BC}} = \frac{\overline{BC}}{\overline{AC}} \Leftrightarrow \frac{a}{x} = \frac{x}{a-x} \Leftrightarrow x^2 + ax - a^2 = 0$$

$$\Leftrightarrow x = -a\left(\frac{1+\sqrt{5}}{2}\right) \text{ ou } x = a\left(\frac{-1+\sqrt{5}}{2}\right).$$

Como x é a medida de um segmento, este deve ser positivo. Portanto, o único valor possível para x é

$$x = a\left(\frac{-1+\sqrt{5}}{2}\right).$$

Assim, obtemos finalmente

$$\frac{a}{x} = \frac{2}{\sqrt{5}-1} = \frac{1+\sqrt{5}}{2}.$$

A este número obtido, que produz a razão áurea, dá-se o nome de *número de ouro*. O número de ouro $\frac{1+\sqrt{5}}{2}$ é representado pela letra φ do alfabeto grego em honra a Fídias (490-431 a.C.), que foi o escultor grego da estátua da deusa Atena e de Zeus, e também arquiteto do Partenon, o templo da capital Atenas, pois ele utilizava este número em suas obras como veremos adiante. Esse número irracional, por se tratar da razão entre duas grandezas que sempre produz o mesmo resultado φ, também é chamado de *razão áurea*, c.f. definimos acima. Com isso, escrevemos

$$\varphi = \frac{1+\sqrt{5}}{2} \approx 1,6180339887498948482045868343656...$$

Os pitagóricos utilizaram a razão áurea, embora não conhecessem o número de ouro φ, na construção na e idealização de sua estrela pitagórica. De fato, esse número é a razão entre os segmentos da estrela, por isso, ela tem uma aparência regular e simétrica, como veremos no capítulo 5.

3.1 Razão áurea e o número de ouro

Um dos primeiros registros que se tem conhecimento sobre a razão áurea data de aproximadamente 1650 a.C.; é no *papiro de Rhind*, um documento no qual constam 85 problemas copiados por um escriba chamado Ahmes, de um trabalho mais antigo ainda. Neste texto, cita-se uma "razão sagrada" que acredita tratar-se da razão áurea. Abaixo, temos uma ilustração do papiro de Rhind.

Os antigos babilônios sabiam como criar o *retângulo áureo*[1]. Numa escavação feita em Sippar, no sul do Iraque, o arqueólogo assírio Hormuzd Rassam (1826 - 1910) encontrou uma tábua, com comprimento de 29,21 cm e largura de 17,78 cm, conhecida por *Tábua de Shamash*. Note que as dimensões dessa tábua estão muito próximas da razão áurea (até um dígito após a vírgula, o que naquele tempo já era muito bom):

$$\frac{29,21}{17,78} = 1,642857142857142857142857142857... \approx \varphi.$$

Abaixo, temos uma foto da Tábua de Shamash, que atualmente se encontra em exposição no Museu Britânico.

---

[1] Retângulo cujas dimensões estão na razão áurea. Veremos mais detalhes sobre o retângulo áureo na seção 3.3.

26 3.1 Razão áurea e o número de ouro

A razão áurea foi e é usada para dar harmonia e "perfeição" às obras, e isso fez com que muitos projetos de obras grandiosas usassem tal recurso. Exemplos disso são a Monalisa de Leonardo da Vinci, as Pirâmides de Gizé (no Egito), o prédio das Nações Unidas em Nova Iorque (EUA) e até mesmo objetos comuns, tais como, cartões de crédito e formatos de livros. Muitos destes discutiremos mais adiante com detalhes. O mais interessante, que veremos também adiante, é que a própria natureza utiliza-se de tal razão para suas obras. Apenas para exemplificar esta última observação, existem medidas do corpo humano cuja razão é áurea. *Leonardo da Vinci*, cientista, pintor, escultor e arquiteto renascentista percebeu isto e desenhou o *homem vitruviano*, que mostra as proporções áureas do corpo humano.

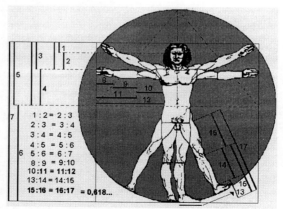

O homem vitruviano, de da Vinci.

3.1 Razão áurea e o número de ouro   27

Para obter geometricamente o ponto C que divide um segmento $\overline{AB}$ na razão áurea, basta proceder da seguinte forma: dado um segmento $\overline{AB}$ de comprimento a, a partir de uma das extremidades, por exemplo, B, traçamos uma perpendicular $\overline{BD}$, de comprimento $\frac{a}{2}$. Ligando A a D, determinamos um triângulo retângulo ABD, reto em B. Pelo teorema de Pitágoras, temos que a hipotenusa mede

$$\overline{AD} = \frac{a\sqrt{5}}{2}$$

Subtraindo $\frac{a}{2}$ de $\overline{AD}$ a partir de D, e podemos fazer isto com um transferidor, levando a medida de $\overline{BD}$ para a hipotenusa com a ponta seca do transferidor em D, determinamos o ponto T e disso, a medida do segmento $\overline{AT}$ será

$$\overline{AT} = \overline{AD} - \overline{BD} = \frac{a\sqrt{5}}{2} - \frac{a}{2} = a\left(\frac{\sqrt{5}-1}{2}\right).$$

Agora, com a ponta seca do compasso em A, transferimos a medida de $\overline{AT}$ para o segmento $\overline{AB}$. Obteremos com isto um ponto C, onde

$$\frac{\overline{AB}}{\overline{AC}} = \frac{a}{a\left(\frac{\sqrt{5}-1}{2}\right)} = \frac{1+\sqrt{5}}{2} = \varphi,$$

e

$$\frac{\overline{AC}}{\overline{BC}} = \frac{a\left(\frac{\sqrt{5}-1}{2}\right)}{a - a\left(\frac{\sqrt{5}-1}{2}\right)} = \varphi.$$

Logo, realmente C é o ponto procurado, que divide o segmento $\overline{AB}$ na razão áurea. Para visualizar, é bom fazer o desenho conforme explicado acima e verificar os cálculos apresentados.

Obs.: Note que, usando a notação $\varphi = \dfrac{1+\sqrt{5}}{2}$, temos que a fórmula de Binet vista na proposição 2.5 do capítulo anterior pode ser reescrita como

$$f_n = \frac{1}{\sqrt{5}}\left(\varphi^n - \frac{1}{\varphi^n}\right).$$

Proposição 3.1 *Sendo f_n um número de Fibonacci, vale a desigualdade*

$$f_n \geq \varphi^{n-2}, \ \forall n \in \mathbb{N}.$$

Demonstração. Provaremos esta desigualdade usando a segunda forma do princípio da indução matemática.

28 3.1 Razão áurea e o número de ouro

(i) Quando $n = 1$, temos $\varphi^{1-2} = \dfrac{1}{\varphi} = \dfrac{2}{1 + \sqrt{5}} < \dfrac{2}{1+1} = 1 = f_1$, ou seja,

$$f_1 > \varphi^{-1}.$$

Também, temos para $n = 2$

$$f_2 = 1 = \varphi^{2-2}$$

Portanto, vale a base da indução.

(ii) Assuma que $f_m \geq \varphi^{m-2}$, $\forall m \leq n$. Disso, lembrando a fórmula recursiva dos termos da sequência de Fibonacci, temos

$$f_{n+1} = f_n + f_{n-1} \geq \varphi^{n-2} + \varphi^{n-3} = \varphi^{n-3}(\varphi + 1).$$

Como $\varphi^2 = \varphi + 1$ (Verifique!), então

$$f_{n+1} \geq \varphi^{n-3}\varphi^2 = \varphi^{n-1}.$$

Logo, pelo segundo princípio da indução matemática, concluímos a proposição.

$$\text{c.q.d.}$$

Corolário 3.1 *Seja f_n um número de Fibonacci qualquer. Então, vale a seguinte estimativa:*

$$\varphi^{n-2} \leq f_n \leq \varphi^n, \ \forall n \in \mathbb{N}.$$

Demonstração. De fato, basta notar que, da observação anterior feita para a fórmula de Binet, temos

$$f_n = \frac{1}{\sqrt{5}}\left(\varphi^n - \frac{1}{\varphi^n}\right) \leq \varphi^n - \frac{1}{\varphi^n} \leq \varphi^n.$$

Logo, juntando esta majoração com a provada na proposição anterior, temos

$$\varphi^{n-2} \leq f_n \leq \varphi^n.$$

$$\text{c.q.d.}$$

3.2 Potências de φ

Nesta seção, vamos mostrar a ligação entre as potências de φ e a sequência de Fibonacci. Para isto, vamos calcular algumas potências de φ como segue.
Sabendo que $\varphi = \dfrac{1 + \sqrt{5}}{2}$, temos

- $\varphi^2 = \left(\dfrac{1 + \sqrt{5}}{2}\right)^2 = \dfrac{1 + 2\sqrt{5} + 5}{4} = \dfrac{2}{2} + \dfrac{1 + \sqrt{5}}{2} = \dfrac{3 + \sqrt{5}}{2} = 1 + \varphi;$

- $\varphi^3 = \varphi^2 \cdot \varphi = (1 + \varphi)\varphi = \varphi + \varphi^2 = \varphi + 1 + \varphi = 1 + 2\varphi;$

- $\varphi^4 = \varphi^3 \cdot \varphi = (1 + 2\varphi)\varphi = \varphi + 2\varphi^2 = \varphi + 2(1 + \varphi) = \varphi + 2 + 2\varphi = 2 + 3\varphi;$

- $\varphi^5 = \varphi^4 \cdot \varphi = (2 + 3\varphi)\varphi = 2\varphi + 3\varphi^2 = 2\varphi + 3(1 + \varphi) = 3 + 5\varphi;$

- $\varphi^6 = \varphi^5 \cdot \varphi = (3 + 5\varphi)\varphi = 3\varphi + 5\varphi^2 = 3\varphi + 5(1 + \varphi) = 5 + 8\varphi;$

- $\varphi^7 = \varphi^6 \cdot \varphi = (5 + 8\varphi)\varphi = 5\varphi + 8\varphi^2 = 5\varphi + 8(1 + \varphi) = 8 + 13\varphi;$

- $\varphi^8 = \varphi^7 \cdot \varphi = (8 + 13\varphi)\varphi = 8\varphi + 13\varphi^2 = 8\varphi + 13(1 + \varphi) = 13 + 21\varphi;$

$$\vdots$$

Analisando os resultados obtidos acima, montamos a tabela abaixo:

n	1	2	3	4	5	6	7	...
φ^n	$0 + \varphi$	$1 + \varphi$	$1 + 2\varphi$	$2 + 3\varphi$	$3 + 5\varphi$	$5 + 8\varphi$	$8 + 13\varphi$	...

Observe que, chamando $f_0 = 0$, temos que os termos constantes e os coeficientes de φ, na ordem em que aparecem, formam, na ordem, os termos da sequência de Fibonacci. Isto nos motiva a conjecturar

Conjectura: $\varphi^n = f_{n-1} + f_n \cdot \varphi$, $\forall n \geq 1$.

Provemos essa conjectura usando a indução matemática sobre n:
(i) $n = 1$: $\varphi^1 = f_0 + f_1\varphi = 0 + 1\varphi = \varphi$.
Logo, vale a base da indução.

(ii) Suponhamos que a igualdade seja verdadeira para $n = k$, ou seja, que vale $\varphi^k = f_{k-1} + f_k \cdot \varphi$. Vamos mostrar que vale para $n = k + 1$, ou seja,

30 3.2 **Potências de** φ

mostraremos que $\varphi^{k+1} = f_k + f_{k+1} \cdot \varphi$.

Note que

$$\varphi^{k+1} = \varphi^k \cdot \varphi = (f_{k-1} + f_k \cdot \varphi)\varphi = f_{k-1} \cdot \varphi + f_k \cdot \varphi^2 =$$

$$= f_{k-1} \cdot \varphi + f_k(1 + \varphi) = f_{k-1} \cdot \varphi + f_k + f_k \cdot \varphi =$$

$$= (f_{k-1} + f_k)\varphi + f_k = f_k + f_{k+1} \cdot \varphi.$$

Portanto, vale $\varphi^{k+1} = f_k + f_{k+1} \cdot \varphi$.

Assim, por (i) e (ii), mostramos que a conjectura acima é verdadeira, ou seja, provamos a proposição que segue.

Proposição 3.2 *Para qualquer número natural* $n \geq 1$, *vale a igualdade*

$$\varphi^n = f_{n-1} + f_n \cdot \varphi,$$

onde f_j, $j = 1, 2, 3, \dots$ *são os números de Fibonacci e* $f_0 = 0$.

3.3 O retângulo áureo e a espiral

Definição 3.2 Chama-se *retângulo áureo* o retângulo no qual a razão de suas medidas obedece a razão áurea.

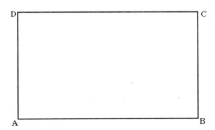

Seja $ABCD$ um retângulo áureo. Destacando o quadrado $ADEF$ do retângulo áureo acima, temos, de acordo com a definição,

$$\frac{\overline{AB}}{\overline{AD}} = \frac{\overline{EF}}{\overline{FB}}.$$

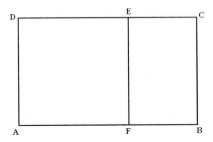

Como $\overline{EF} = \overline{AD} = x$, $\overline{AB} = a$, temos $\overline{FB} = a - x$ e disso,

$$\frac{a}{x} = \frac{x}{a-x} \Leftrightarrow x^2 + ax - a^2 = 0.$$

Como x é positivo, obtemos

$$\frac{a}{x} = \frac{1+\sqrt{5}}{2} = \varphi.$$

Portanto, $\dfrac{\overline{EF}}{\overline{FB}} = \varphi$ e, então, o novo retângulo $BCEF$, interior ao primeiro, também é áureo. Novamente, construindo um quadrado no novo retângulo áureo interior ao primeiro, obteremos outro retângulo interior a este segundo, também nas proporções áureas, e este processo é infinito, sempre guardando essa proporção de ouro.

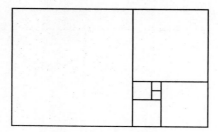

Podemos desenhar uma *espiral*, uma vez tendo desenhado a "infinita" sucessão de retângulos áureos. Uma vez tendo esses retângulos, basta tomar o encontro das diagonais, como destacado na figura abaixo, e ir desenhando a espiral pelos quadrados destacados da seguinte maneira: desenhar o quarto de circunferência contido em cada quadrado. Observe a ilustração abaixo.

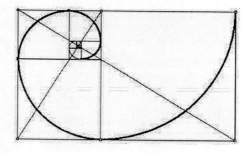

Disso, temos que a espiral construída preserva a razão áurea.
Isto pode ser uma brincadeira bem simples, mas curiosamente a natureza escolheu esta forma espiral para formar várias coisas, como veremos na seção seguinte.
Tal espiral é conhecida como *espiral de ouro*.

Antes de apresentar algumas aplicações da espiral de ouro, vamos deduzir sua equação em coordenadas polares. Considere a seguinte sequência de retângulos de ouro desenhados a seguir, onde o maior deles, $ABCD$, tem as medidas $AB = \varphi$ e $AD = 1$. Destacamos também algumas diagonais. Repare que todas essas diagonais encontram-se em um ponto O, que será a origem do sistema polar. Por construção, temos que $ADEF$ é um quadrado de lado unitário.

3.3 O retângulo áureo e a espiral

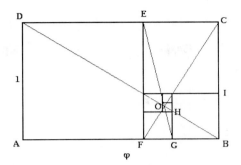

Temporariamente, fixemos um sistema cartesiano ortogonal em A.
Assim, teremos os seguintes pontos: $A(0,0)$, $B(\varphi,0)$, $C(\varphi,1)$, $D(0,1)$, $E(1,1)$ e $F(1,0)$.

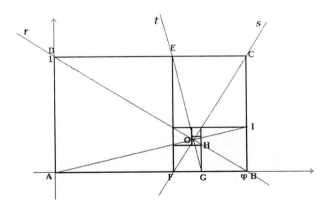

Então, a equação da reta r, que passa por $B(\varphi,0)$ e $D(0,1)$, é obtida pela condição de alinhamento

$$\begin{vmatrix} x & y & 1 \\ 0 & 1 & 1 \\ \varphi & 0 & 1 \end{vmatrix} = 0 \Leftrightarrow x + \varphi y - \varphi = 0$$

Portanto,

$$(r): \ y = -\frac{1}{\varphi}x + 1.$$

34 3.3 O retângulo áureo e a espiral

Analogamente, obtemos a equação da reta s que passa por C e F:

$$(s): \; y = \frac{1}{\varphi - 1}x - \frac{1}{\varphi - 1}.$$

Repare que r e s são perpendiculares, pois sendo $m_r = -\frac{1}{\varphi}$ e $m_s = \frac{1}{\varphi - 1}$ seus coeficientes angulares, temos que

$$m_r \cdot m_s = -\frac{1}{\varphi}\frac{1}{\varphi - 1} = -\frac{1}{\varphi^2 - \varphi} = -1.$$

Resolvendo o sistema linear formado por estas duas equações de retas, obtemos o ponto O, intersecção entre as retas. Assim, resolvendo o sistema

$$\begin{cases} y = -\frac{1}{\varphi}x + 1 \\ y = \frac{1}{\varphi - 1}x - \frac{1}{\varphi - 1} \end{cases}$$

obtemos o ponto

$$O\left(\frac{\varphi^2}{2\varphi - 1}, \frac{\varphi - 1}{2\varphi - 1} \right).$$

Destacando o triângulo DOE, vamos mostrar que o ângulo agudo $\theta = D\widehat{O}E$ é igual a 45^0. De fato, note que o coeficiente angular m_t da reta t, que passa por E e O, é

$$m_t = \frac{y_c - y_o}{x_c - x_o} = \frac{1 - \dfrac{\varphi - 1}{2\varphi - 1}}{1 - \dfrac{\varphi^2}{2\varphi - 1}} = -\frac{\varphi}{(\varphi - 1)^2}.$$

Disso, o ângulo θ procurado será

$$\tan\theta = \left| \frac{m_r - m_t}{1 + m_r \cdot m_t} \right| = \left| \frac{-\dfrac{1}{\varphi} + \dfrac{\varphi}{(\varphi - 1)^2}}{1 + \left(-\dfrac{1}{\varphi}\right)\left(\dfrac{-\varphi}{(\varphi - 1)^2}\right)} \right| = \ldots = 1$$

Assim, $\tan\theta = 1$, ou seja, $\theta = 45^0$.

Portanto, como $DOC = 90^0$ e $DOE = 45^0$, concluímos também que $EOC = 45^0$.

Note que cada retângulo de ouro da sequência é obtido do anterior por uma rotação de 90^0 em relação ao ponto O e uma contração igual a φ^{-1}.

3.3 O retângulo áureo e a espiral   35

Mostraremos agora a questão da contração.

De fato, com a ajuda da Geometria Analítica, mostremos que se OD tem comprimento $\ell\varphi$ e ao transformar o retângulo $ABCD$ no retângulo $BCEF$, OD passou a ser OC, com $OC = \ell$.

De acordo com as informações contidas no esquema acima e os cálculos anteriormente realizados, temos $D(0,1)$, $C(\varphi,1)$ e $O(\frac{\varphi^2}{2\varphi-1}, \frac{\varphi-1}{2\varphi-1})$. Calculando OD, temos

$$OD = \sqrt{\left(\frac{\varphi^2}{2\varphi-1} - 0\right)^2 + \left(\frac{\varphi-1}{2\varphi-1} - 1\right)^2} = \sqrt{\frac{\varphi^4}{(2\varphi-1)^2} + \frac{\varphi^2}{(2\varphi-1)^2}} =$$

$$= \frac{\varphi}{2\varphi-1}\sqrt{\varphi^2 + 1},$$

ou seja,

$$OD = \frac{\varphi}{2\varphi-1}\sqrt{\varphi^2 + 1}.$$

Analogamente, calculamos OC:

$$OC = \sqrt{\left(\frac{\varphi^2}{2\varphi-1} - \varphi\right)^2 + \left(\frac{\varphi-1}{2\varphi-1} - 1\right)^2} = \ldots = \frac{\varphi}{2\varphi-1}\sqrt{\varphi^2 - 2\varphi + 2},$$

ou seja,

$$OC = \frac{\varphi}{2\varphi-1}\sqrt{\varphi^2 - 2\varphi + 2}.$$

Iremos comparar as medidas OC e OD calculadas. Como $\varphi^2 = \varphi + 1$ e daí, $\varphi^2 + 1 = \varphi + 2$ e $\varphi^3 = 1 + 2\varphi$ (Verifique!), temos

$$\varphi^2 - 2\varphi + 2 = \frac{1}{\varphi^2}(\varphi^2 - 2\varphi + 2)\varphi^2 = \frac{1}{\varphi^2}(\varphi^2 + 1 - 2\varphi + 1)\varphi^2 =$$

$$= \frac{1}{\varphi^2}(\varphi + 2 - 2\varphi + 1)\varphi^2 = \frac{1}{\varphi^2}(3 - \varphi)\varphi^2 = \frac{1}{\varphi^2}(3\varphi^2 - \varphi^3) =$$

$$= \frac{1}{\varphi^2}(3\varphi^2 - (1 + 2\varphi)) = \frac{1}{\varphi^2}(3(\varphi+1) - 1 - 2\varphi) = \frac{1}{\varphi^2}(3\varphi + 3 - 1 - 2\varphi) =$$

$$= \frac{1}{\varphi^2}(\varphi + 2) = \frac{1}{\varphi^2}(\varphi^2 + 1).$$

Logo,

$$\varphi^2 - 2\varphi + 2 = \frac{1}{\varphi^2}(\varphi^2 + 1),$$

36   3.3 O retângulo áureo e a espiral

e com isso,

$$OC = \frac{\varphi}{2\varphi - 1}\sqrt{\varphi^2 - 2\varphi + 2} = \frac{\varphi}{2\varphi - 1}\sqrt{\frac{1}{\varphi^2}(\varphi^2 + 1)} =$$

$$= \frac{\varphi}{2\varphi - 1}\sqrt{\varphi^2 + 1} \cdot \frac{1}{\varphi} = \frac{1}{\varphi}OD,$$

ou seja,

$$OC = \frac{1}{\varphi}OD,$$

mostrando que realmente OD é uma contração[2] de OC de φ^{-1}.

Assim, considerando O a origem de um sistema de coordenadas polares com o eixo real OI e imaginário OE, que são perpendiculares pelo provado anteriormente, pois são obtidos de um giro de 45^0 dos eixos OD e OC, que mostramos serem perpendiculares, temos, então, neste sistema, em coordenadas polares: $I(1,0)$ e $E(\varphi, \frac{\pi}{2})$ (da mesma forma que anteriormente, o comprimento OC era ℓ e OD era $\ell\varphi$, tendo o comentado acima).
Assim, o ponto G terá as coordenadas $G(\varphi^{-1}, -\frac{\pi}{2})$.

De fato, todos os pontos que obedecem a relação estabelecida acima terão a forma $(\varphi^n, n\frac{\pi}{2})$, $n \in \mathbb{N}$.
Isto nos permite, então, mapear os pontos G, I, E e A.
A curva que passa por esses pontos será a espiral de ouro procurada.

Finalmente, procuremos deduzir a equação da espiral de ouro usando equações diferenciais. A curva procurada, em coordenadas polares, é tal que a variação do raio ρ em relação à variação do argumento θ é proporcional ao mesmo raio ρ, ou seja, queremos achar a solução da equação diferencial

$$\frac{d\rho}{d\theta} = \alpha\rho$$

com os pontos $(\rho, \frac{\pi}{2})$ e $(1,0)$ satisfazendo a equação procurada.

Resolvendo a EDO acima pelo método de separação de variáveis, temos

$$\frac{d\rho}{d\theta} = \alpha\rho \Rightarrow \int \frac{d\rho}{\rho} = \alpha \int d\theta \Rightarrow \ln\rho = \alpha\theta + c,$$

---

[2]É uma contração, pois o fator multiplicador $\varphi^{-1} = \dfrac{2}{\sqrt{5} + 1} < 1$.

3.3 O retângulo áureo e a espiral   37

ou seja,

$$\rho = ke^{\alpha\theta}.$$

Pelos pares de pontos determinados acima, iremos obter os valores das constantes α e k. Para $(\rho, \theta) = (1, 0)$, obtemos $k = 1$. Logo,

$$\rho = e^{\alpha\theta}.$$

Agora, com $(\rho, \theta) = (\varphi, \frac{\pi}{2})$, obtemos

$$\varphi = e^{\alpha\frac{\pi}{2}} \Rightarrow \ln\varphi = \alpha\frac{\pi}{2} \Rightarrow \alpha = \frac{2}{\pi}\ln\varphi.$$

Assim,

$$\rho = e^{\alpha\theta} = e^{\frac{2}{\pi}\theta\ln\varphi} = e^{\ln\varphi^{\frac{2\theta}{\pi}}} = \varphi^{\frac{2\theta}{\pi}}.$$

Ou seja, a equação da espiral de ouro para o retângulo de ouro de lados 1 e φ unidades de comprimento será

$$\rho(\theta) = \varphi^{\frac{2\theta}{\pi}}.$$

A seguir, temos o esboço gráfico desta espiral feito pelo software *Graphmatica 2003*, bem como alguns pontos calculados pelo respectivo programa.
Colocamos também sobre o gráfico uma sequência de retângulos de ouro para observar melhor sua construção.

38 3.4 Aplicações

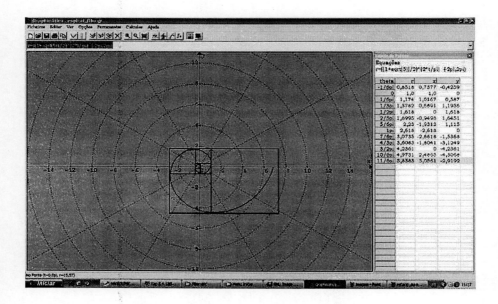

Observamos ainda que as dimensões da sequência de quadrados contruídos no interior do retângulo de ouro, respectivamente, são: $1 \times 1, 1 \times 1, 2 \times 2, 3 \times 3, 5 \times 5, ...$, ou seja, formam uma sequência de Fibonacci:

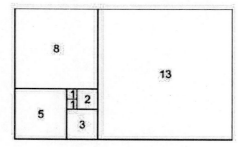

3.4 Aplicações

Conforme mencionamos acima, vamos apresentar aqui algumas ilustrações mostrando as aplicações da espiral na natureza. Mostraremos também algumas aplicações do retângulo áureo.

3.4 **Aplicações** 39

Comecemos observando que as sementes do girassol e a disposição dos pinhos de um pinhão ficam na forma da espiral desenhada acima:

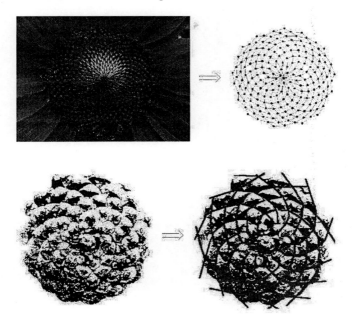

3.4 Aplicações

Observamos que a concha do nautilus também obedece a esta lei de formação, conforme os esquemas abaixo:

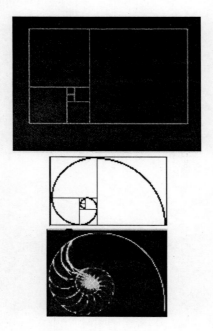

As folhas da bromélia também possuem esta mesma regra de formação:

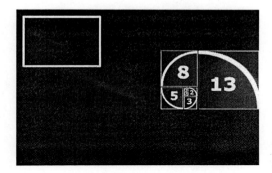

Abaixo, temos uma foto de uma galáxia, que também apresenta o formato da espiral de ouro:

O retângulo de ouro também tem várias aplicações, tais como na arquitetura e nas artes, pois estabelece harmonia e beleza. Além disso, como já observamos na ilustração do homem vitruviano, as proporções áureas também ocorrem na própria vida. Vejamos, agora, algumas aplicações do retângulo de ouro nesses contextos mencionados.

Comecemos nas artes. Várias pinturas estão repletas de razão áurea, como observamos nas ilustrações a seguir[3]. Primeiramente, temos o famoso quadro *A Monalisa*, de Leonardo da Vinci. Destacamos no mesmo uma sequência de retângulos áureos para mostrar algumas proporções áureas presentes:

---

[3] Os créditos das ilustrações a seguir estão indicados no final da obra e os retângulos áureos nelas destacados foram acrescentados pelo autor.

42   3.4 Aplicações

A ilustração a seguir, da época do arcadismo, também possui as proporções áureas:

3.4 Aplicações

O pintor renascentista Michelangelo também usava esta técnica em suas pinturas, como a pintura da *A Criação do Homem*:

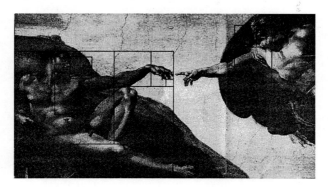

Na arquitetura, também temos várias aplicações do retângulo de ouro e, consequentemente, da razão áurea. A seguir, apresentamos alguns exemplos onde encontramos tais aplicações.
Primeiramente, temos uma foto do Partenon, famosa obra da arquitetura grega. Nela, destacamos algumas proporções áureas através dos retângulos áureos.

A catedral de Notre Dame, na França, também foi construída usando as proporções áureas. Abaixo, temos duas imagens da catedral de Notre Dame, onde a figura da direita, destacamos alguns retângulos áureos.

3.4 Aplicações

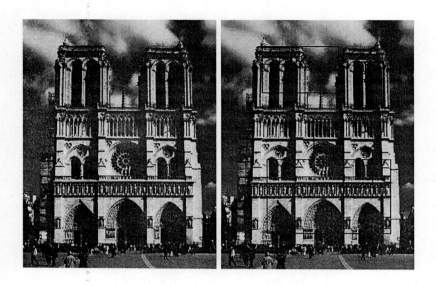

A seguinte obra é o túmulo do renacentista *Lourenço de Médici*, feito pelo renascentista Michelangelo. Destacamos alguns retângulos áureos na mesma para observar algumas proporções divinas.

Conforme já comentamos, no corpo humano também tem-se esta divina proporção. Basta observar a figura do homem vitruviano de Leonardo da

Vinci, anteriormente apresentada.

No capítulo seguinte, mostraremos a conexão existente entre a sequência de Fibonacci, estudada no capítulo anterior, e a razão áurea, estudada neste capítulo.

3.5 Exercícios

1. Sendo φ o número de ouro, mostre que valem as seguintes igualdades:
   $\varphi^2 - 1 = \varphi$; $3 - \varphi = 2 - \frac{1}{\varphi}$; $\varphi^3 = 1 + 2\varphi$; $2\varphi - 1 = \sqrt{5}$ e $\varphi^2 + 1 = \varphi + 2$.

2. Seja AB um segmento de medida $AB = 8\,cm$. Ache o ponto C entre A e B que divide o segmento AB na razão áurea. Faça uma construção geométrica para determinar esse ponto C.

3. Usando potências de φ, mostre que
$$\varphi^n - \varphi^{n-1} = \varphi^{n-2}, \forall n \geq 2.$$

4. No esquema a seguir, afirmamos que o ponto G divide o segmento AB na razão áurea. Procure uma explicação para justificar tal afirmação.

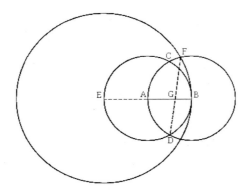

5. Considere o retângulo áureo de dimensões 1 e φ, e a sequência de retângulos de ouro por ele definida. Destacando internamente o quadrado de dimensões 1×1 e chamando-o de A_1, em seguida, destacando o próximo quadrado A_2 de dimensões $(\varphi - 1) \times (\varphi - 1)$ e assim sucessivamente, obtemos uma sequência de quadrados $A_1, A_2, A_3, \ldots$. Calcule a

46 3.5 Exercícios

área desses quadrados. Existe alguma fórmula geral para determinar a área do quadrado A_n, $\forall n \in \mathbb{N}$? Mostre também que

$$\frac{A_n}{A_{n+1}} = \varphi + 1, \ \forall n.$$

6. Observando a sequência de retângulos de ouro e as retas traçadas no plano cartesiano, bem como as coordenadas do ponto O, vistos na teoria, mostramos que $OC = \varphi^{-1}OD$. Mostre que $OB = \varphi^{-1}OC$.

7. Ache o intercepto entre a espiral de ouro e a circunferência $\rho = \varphi$ no sistema de coordenadas polares. Em seguida, esboce o gráfico de ambos num mesmo sistema polar.

Capítulo 4

Números de Fibonacci e a razão áurea

Neste capítulo, vamos mostrar que a razão entre dois números de Fibonacci consecutivos, a longo prazo, aproxima-se do número de ouro φ.

Em outras palavras, dada a seqüência de Fibonacci

$$(f_n) = (1, 1, 2, 3, 5, 8, 13, 21, ...),$$

percebemos que

$$\frac{f_2}{f_1} = \frac{1}{1} = 1; \quad \frac{f_3}{f_2} = \frac{2}{1} = 2; \quad \frac{f_4}{f_3} = \frac{3}{2} = 1,5; \quad \frac{f_5}{f_4} = \frac{5}{3} = 1,666...;$$

$$\frac{f_6}{f_5} = \frac{8}{5} = 1,6; \quad \frac{f_7}{f_6} = \frac{13}{8} = 1,625; \quad ... \quad \frac{f_{13}}{f_{12}} = \frac{233}{144} = 1,6180555...$$

Assim, heuristicamente, notamos que à medida que o índice n aumenta, a razão $\dfrac{f_{n+1}}{f_n}$ vai aproximando-se de φ. É isto que iremos mostrar neste capítulo.

Utilizaremos neste capítulo conhecimentos de convergência de sequências numéricas. Para isto, recomendamos [Dg] ou [El].

4.1   Os números de Fibonacci e o φ

Inicialmente, note que, para n grande e lembrando que $f_{n+1} = f_n + f_{n-1}$, podemos escrever

48   4.1 Os números de Fibonacci e o φ

$$\frac{f_{n+1}}{f_n} = \frac{f_n + f_{n-1}}{f_n} = 1 + \frac{f_{n-1}}{f_n} = 1 + \frac{1}{\dfrac{f_n}{f_{n-1}}} = 1 + \frac{1}{\dfrac{f_{n-1} + f_{n-2}}{f_{n-1}}} =$$

$$= 1 + \frac{1}{1 + \dfrac{f_{n-2}}{f_{n-1}}} = 1 + \frac{1}{1 + \dfrac{1}{\dfrac{f_{n-1}}{f_{n-2}}}} =$$

$$= 1 + \frac{1}{1 + \dfrac{1}{\dfrac{f_{n-2} + f_{n-3}}{f_{n-2}}}} = 1 + \frac{1}{1 + \dfrac{1}{1 + \dfrac{f_{n-3}}{f_{n-2}}}} = \ldots$$

Assim, estamos representando o quociente $\dfrac{f_{n+1}}{f_n}$ através de uma fração contínua. Temos, então, uma primeira conjectura:

Conjectura 1:

$$\frac{f_{n+1}}{f_n} = 1 + \frac{1}{1 + \dfrac{1}{1 + \dfrac{1}{1 + \ldots}}} \longrightarrow \varphi \text{ quando } n \to \infty.$$

Os passos a seguir são feitos para provar essa conjectura.

Seja (x_n) a sequência definida recursivamente por

$$x_1 = 1, \ x_{n+1} = 1 + \frac{1}{x_n} \ , \ \forall n \geq 1.$$

Defina a função $f : (0, +\infty) \to \mathbb{R}$ por

$$f(x) = 1 + \frac{1}{x} = \frac{x+1}{x}.$$

Deste modo, percebemos que, para os termos da sequência (x_n), temos

$$x_2 = f(x_1), \ x_3 = f(x_2), \ldots, \ x_n = f(x_{n-1}), \ \ldots$$

Afirmamos que f é decrescente. De fato, basta notar que

$$f(a) < f(b) \Leftrightarrow \frac{a+1}{a} < \frac{b+1}{b} \Leftrightarrow (a+1)b < (b+1)a \Leftrightarrow$$

$$\Leftrightarrow ab + b < ab + a \Leftrightarrow a > b.$$

4.1 Os números de Fibonacci e o φ

Analisando a sequência (x_n), que foi definida acima e considerando a sua dinâmica em f, temos[1]

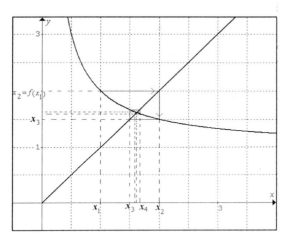

Do esquema acima temos a conjectura que segue.
Conjectura 2: $x_1 < x_3 < x_5 < ... < x_6 < x_4 < x_2$.
Para "mapear" apenas os termos pares e apenas os ímpares da sequência (x_n), precisamos, a partir de um termo inicial (x_1 ou x_2), obter uma regra que permita "pular" os termos de modo a gerar duas subsequências (x_{2n}) dos termos pares e (x_{2n-1}) dos termos ímpares.
Sendo assim, seja $g : (0, +\infty) \to \mathbb{R}$ dada por

$$g(x) = (f \circ f)(x),$$

ou seja,

$$g(x) = f(f(x)) = f\left(\frac{x+1}{x}\right) = \frac{\frac{x+1}{x}+1}{\frac{x+1}{x}} = \frac{2x+1}{x+1}$$

Assim, a partir de x_1 temos

$$g(x_1) = f(f(x_1)) = f(x_2) = x_3, \; g(x_3) = f(f(x_3)) = f(x_4) = x_5, ...,$$

$$... \; g(x_{2n-1}) = x_{2n+1}, \; ...$$

---
[1]Repare que na figura, esboçamos os gráficos de $f(x) = \frac{x+1}{x}$ e $h(x) = x$, bem como a dinâmica da sequência (x_n). A intersecção $f(x) = x$ é justamente o ponto $x = \varphi$, para onde (x_n) converge, como se esperava heuristicamente.

50   4.1 Os números de Fibonacci e o φ

Da mesma forma,

$$x_4 = g(x_2),\ x_6 = g(x_4),\ ...,\ x_{2n+2} = g(x_{2n}),\ ...$$

Afirmamos ainda que g é crescente. De fato, basta observar que

$$g(a) < g(b) \Leftrightarrow \frac{2a+1}{a+1} < \frac{2b+1}{b+1} \Leftrightarrow 2ab+2a+b+1 < 2ab+2b+a+1 \Leftrightarrow a < b.$$

A partir destes fatos, iremos provar a conjectura 2. Para isto, vamos provar as afirmações que seguem.

Afirmação 1. $x_{2n-1} < x_{2n+1}$, $\forall n$ (i.e., a subsequência dos termos ímpares é crescente).

Faremos esta prova por indução.

(i) Como $x_2 = 1 + \dfrac{1}{1} = 2$ temos $x_3 = 1 + \dfrac{1}{2} = \dfrac{3}{2} > 1 = x_1$. Logo, vale a base da indução.

(ii) Suponhamos que a afirmação seja verdadeira para um certo índice n, ou seja, que vale $x_{2n-1} < x_{2n+1}$. Precisamos mostrar que vale para $n + 1$, ou seja, mostrar que $x_{2n+1} < x_{2n+3}$.
Como g é crescente e esta função mapeia só os termos ímpares ou só os pares, temos

$$x_{2n-1} < x_{2n+1} \Rightarrow g(x_{2n-1}) < g(x_{2n+1}) \Rightarrow x_{2n+1} < x_{2n+3}.$$

Logo, vale a Afirmação 1.

Afirmação 2. $x_{2n} > x_{2n+2}$, $\forall n$ (i.e., a subsequência dos termos pares é decrescente).

A prova desta afirmação é análoga à anterior. Fica como exercício.

Afirmação 3. $x_{2n-1} < x_{2n}$, $\forall n$. (i.e., qualquer termo ímpar da sequência (x_n) é menor que o termo par subsequente).

A prova desta afimação também é feita da mesma maneira como as anteriores. Fica como exercício.

4.1 Os números de Fibonacci e o φ 51

Estas três afirmações provam a validade da conjectura 2, ou seja,

$$x_1 < x_3 < x_5 < \dots < x_6 < x_4 < x_2.$$

Disso, nota-se que (x_{2n-1}) é crescente e limitada superiormente por $x_2 = 2$, então $\exists\, L_1 = \lim_{n \to \infty} x_{2n-1}$.

Analogamente, (x_{2n}) é decrescente e limitada inferiormente por $x_1 = 1$. Portanto, $\exists\, L_2 = \lim_{n \to \infty} x_{2n}$.

Como

$$x_{2n+1} = g(x_{2n-1}) = \frac{2x_{2n-1} + 1}{x_{2n-1} + 1}$$

então, passando o limite, obtemos

$$L_1 = \frac{2L_1 + 1}{L_1 + 1} \Rightarrow L_1^2 + L_1 = 2L_1 + 1 \Rightarrow L_1^2 - L_1 - 1 = 0$$

Resolvendo esta equação e descartando a raiz negativa, pois os termos da sequência são todos positivos, obtemos

$$L_1 = \frac{1 + \sqrt{5}}{2} = \varphi.$$

Da mesma forma,

$$x_{2n+2} = g(x_{2n}) = \frac{2x_{2n} + 1}{x_{2n} + 1}$$

e, passando o limite, temos

$$L_2 = \frac{2L_2 + 1}{L_2 + 1},$$

donde segue que $L_2 = \dfrac{1 + \sqrt{5}}{2} = \varphi$.

Logo,

$$L_1 = L_2 = \frac{1 + \sqrt{5}}{2} = \varphi.$$

Por fim, concluímos que

$$\begin{cases} x_1 = 1 \\ x_{n+1} = 1 + \dfrac{1}{x_n} \end{cases} \longrightarrow \varphi$$

52 4.2 **Exercícios**

isto é,

$$\frac{f_{n+1}}{f_n} = 1 + \cfrac{1}{1 + \cfrac{1}{1 + ...}} \longrightarrow \varphi = \frac{1 + \sqrt{5}}{2},$$

ou seja, mostramos que a conjectura 1 também é verdadeira, concluindo assim o objetivo deste capítulo.

4.2 Exercícios

1. Prove as afirmações deixadas como exercício na teoria acima.

2. Prove que a sequência $1, \sqrt{1 + \sqrt{1}}, \sqrt{1 + \sqrt{1 + \sqrt{1}}}, ...$ converge e que seu limite é φ.

3. A sequência de Fibonacci (a_n) é definida indutivamente da seguinte maneira: $a_1 = a_2 = 1$ e $a_{n+2} = a_{n+1} + a_n$. Seja $x_n = \dfrac{a_n}{a_{n+1}}$. Prove que:

   (a) $a_{n+1}^2 - a_n^2 - a_n a_{n+1} = (-1)^n, \forall n \in \mathbb{N}$.

   (b) $x_{n+1} - x_n = \dfrac{(-1)^{n+1}}{a_{n+1} a_{n+2}}$.

   (c) $x_1 < x_3 < x_5 < ... < x_{2n+1} < x_{2n} < ... < x_4 < x_2$.

   Sugestão: verifique antes que $x_{n+1} = f(x_n)$, onde $f(x) = \dfrac{1}{1 + x}$.

   (d) Justifique que $\exists c \in \mathbb{R}$ tal que $\lim_{n \to \infty} x_n = c$.

   (e) Justifique que c é a raiz positiva da equação $f(x) = x$ e que c é o número áureo:

   $$c = \frac{1}{\varphi} = \frac{\sqrt{5} - 1}{2} = \cfrac{1}{1 + \cfrac{1}{1 + \cfrac{1}{1 + \ddots}}}$$

Capítulo 5

O número de ouro e a trigonometria

Nosso objetivo principal neste capítulo será determinar os valores das linhas trigonométricas dos arcos de $18°$, $36°$ e $72°$, e suas relações com o número de ouro φ. Para uma breve revisão da trigonometria, recomendamos [Mz]. Primeiramente, mostremos com uma simples equação trigonométrica uma relação com o φ.

5.1 Resolvendo a equação $\tan x = \cos x$

Nesta seção, tentaremos responder a seguinte questão: Quais os valores de $x \in (0, \frac{\pi}{2})$ tais que

$$\tan x = \cos x \,?$$

Se analisarmos os gráficos de $f(x) = \cos x$ e $g(x) = \tan x$ no primeiro quadrante, observamos que a solução da equação (o intercepto entre os gráficos) se dá no intervalo $(0, 2\pi, 0, 25\pi)$.

5.1 Resolvendo a equação $\tan x = \cos x$

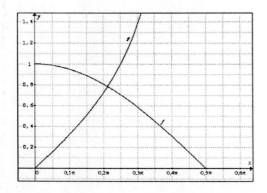

Inicialmente, parece que esta inocente equação pode ser facilmente resolvida:

$$\tan x = \cos x \Leftrightarrow \frac{\operatorname{sen} x}{\cos x} = \cos x \Leftrightarrow \operatorname{sen} x = \cos^2 x$$

$$\Leftrightarrow \operatorname{sen} x = 1 - \operatorname{sen}^2 x \Leftrightarrow \operatorname{sen}^2 x + \operatorname{sen} x - 1 = 0,$$

donde segue que

$$\operatorname{sen} x = \frac{-1+\sqrt{5}}{2} = \frac{1}{\varphi} \quad \text{e} \quad \operatorname{sen} x = -\frac{1+\sqrt{5}}{2} = -\varphi.$$

Esta última raiz deve ser descartada, pois estamos no primeiro quadrante. Portanto,

$$\operatorname{sen} x = \frac{-1+\sqrt{5}}{2} = \frac{1}{\varphi}.$$

Porém, qual é o arco x no qual $\operatorname{sen} x = \frac{1}{\varphi}$? Infelizmente, não é possível determinar algebricamente este valor. Porém, pelo menos conseguimos aqui uma relação entre o seno do arco x e o número de ouro.
Somente a título de curiosidade, temos, através do software MAPLE 8.0, o valor de $x = \operatorname{arcsen}\left(\frac{1}{\varphi}\right)$

$$x = 38,17270760...°$$

Porém, felizmente, mostraremos que as linhas trigonométricas de alguns arcos diferentes dos notáveis podem ser determinadas algebricamente, tais como 3°, 18°, 36°, 72°, entre outros.

5.2 Determinação do cosseno de 36 graus

Observando o pentágono regular na figura e sabendo que o ângulo interno a_i de um polígono regular de n lados é dado pela fórmula

$$a_i = \frac{180°(n-2)}{n},$$

temos que o ângulo interno do pentágono regular será

$$a_i = \frac{180°(5-2)}{5} = 108°.$$

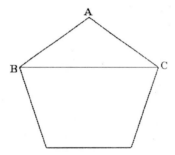

Como o triângulo ABC destacado no pentágono é isósceles, com ângulo $\widehat{A} = 108°$, e notando que $A\widehat{B}C = B\widehat{C}A = x$, segue pela lei angular de Tales que

$$x + 108° + x = 180° \Rightarrow x = 36°.$$

Agora, marcando a diagonal $\overline{AT}$, esta determina um ponto P no segmento BC, que determinará um triângulo APC, também isósceles, e além disso, semelhante ao triângulo ABC.

Pela semelhança de triângulos, temos

$$\frac{\overline{BC}}{\overline{AB}} = \frac{\overline{AC}}{\overline{CP}},$$

ou seja,

$$\overline{BC} \cdot \overline{CP} = \overline{AB} \cdot \overline{AC}$$

Como $\overline{BC} = \overline{BP} + \overline{CP}$ e $\overline{AC} = \overline{AB}$, temos

$$(\overline{BP} + \overline{CP}) \cdot \overline{CP} = \overline{AB}^2.$$

5.2 Determinação do cosseno de 36 graus

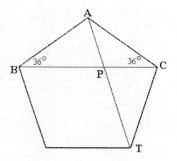

Logo,
$$\overline{BP} \cdot \overline{CP} + \overline{CP}^2 = \overline{AB}^2,$$
e dividindo esta igualdade por $\overline{CP}$, obtemos
$$\overline{BP} + \overline{CP} = \frac{\overline{AB}}{\overline{CP}} \cdot \overline{AB}$$

Dividindo esta última igualdade por $\overline{AB}$ e notando que $\overline{BP} = \overline{AB}$, obtemos
$$1 + \frac{\overline{CP}}{\overline{BP}} = \frac{\overline{BP}}{\overline{CP}}.$$

Por fim, chamando $\dfrac{\overline{BP}}{\overline{CP}} = t$, obtemos a equação
$$1 + \frac{1}{t} = t \Rightarrow t^2 - t - 1 = 0,$$
que possui a seguinte raiz positiva:
$$t = \frac{1 + \sqrt{5}}{2} = \varphi.$$

Portanto, determinamos que $\dfrac{\overline{BP}}{\overline{CP}} = \varphi$, ou seja, o ponto P divide o segmento $\overline{BC}$ na razão áurea.

Finalmente, se traçarmos a altura do triângulo isósceles APC, relativa ao lado $\overline{AC}$, determinaremos um triângulo retângulo PCM, reto em M, onde, é claro, $\overline{AM} = \overline{MC}$. Com isto, pela trigonometria no triângulo retângulo, temos

$$\cos 36° = \cos A\widehat{C}P = \frac{\overline{MC}}{\overline{CP}} = \frac{\frac{\overline{AC}}{2}}{\overline{CP}} = \frac{\overline{BP}}{\overline{CP}} \cdot \frac{1}{2} = \frac{\varphi}{2}.$$

Logo,
$$\cos 36° = \frac{\varphi}{2} = \frac{1+\sqrt{5}}{4}.$$

A partir do exposto acima podemos facilmente determinar o $\cos 54°$. Para isto, basta notar que $\operatorname{sen} 54° = \cos 36° = \frac{\varphi}{2}$, e disso

$$\cos 54° = \sqrt{1 - \operatorname{sen} 54°} = \sqrt{1 - \frac{\varphi^2}{4}} = \frac{\sqrt{4-\varphi^2}}{2} = \frac{1}{2}\sqrt{\frac{5-\sqrt{5}}{2}}.$$

Repare ainda que, traçando as diagonais do pentágono, obtemos a estrela de ouro e ao seu centro, teremos novamente um pentágono, semelhante ao anterior. Essa estrela de ouro obtida com o traçado de todas as diagonais é chamada também de *pentagrama*, muito admirada pelos pitagóricos, pois a razão dos vários segmentos da mesma é áurea.

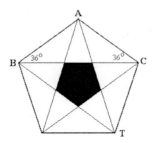

A razão áurea está presente em cada intercepto de diagonais, conforme provamos acima. Em todo caso, mais adiante falaremos mais sobre isto. Podemos ir construindo pentágonos semelhantes ao primeiro "ao infinito" e esta razão áurea se perpetuará.

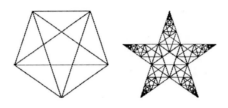

5.3 Determinação do sen 18°

Da trigonometria, temos

$$\text{sen } 2u = 2\text{sen } u \cos u \quad \text{e} \quad \cos 2u = 1 - 2\text{sen } u.$$

Assim, para $u = 18°$, temos

$$\text{sen } 36° = 2\text{sen } 18° \cos 18° \quad \text{e} \quad \cos 36° = 1 - 2\text{sen}^2 18°.$$

Ainda,

$$\text{sen } 72° = 2\text{sen } 36° \cos 36° =$$
$$= 2(2\text{sen } 18° \cos 18°)(1 - 2\text{sen}^2 18°) = 4\text{sen } 18° \cos 18°(1 - 2\text{sen}^2 18°).$$

Como $\cos 18° = \text{sen } 72° \neq 0$, temos, simplificando a igualdade acima,

$$1 = 4\text{sen } 18°(1 - 2\text{sen}^2 18°).$$

Portanto, temos que sen 18° é uma raiz da equação

$$4x(1 - 2x^2) = 1.$$

Assim, resolvendo esta equação, temos

$$8x^3 - 4x + 1 = 0 \Leftrightarrow (x - \frac{1}{2})(8x^2 + 4x - 2) = 0.$$

Logo, ou $x = \frac{1}{2}$ ou x é a raiz da equação $8x^2 + 4x - 2 = 0$. Como sen $18° = \frac{1}{2}$ é absurdo, pois tal valor seria sen 30°, segue a outra possibilidade. Porém, resolvendo a equação $8x^2 + 4x - 2 = 0$, encontramos

$$x = \frac{-1 + \sqrt{5}}{4} \quad \text{ou} \quad x = \frac{-1 - \sqrt{5}}{4}.$$

Porém, como 18° é um arco do primeiro quadrante, segue que o seno é positivo. Portanto, concluímos que

$$\text{sen } 18° = x = \frac{-1 + \sqrt{5}}{4} = \frac{1}{2\varphi}.$$

Obs.: Naturalmente, como o seno e o cosseno são complementares, seque que

$$\cos 72° = \text{sen } 18° = \frac{1}{2\varphi}.$$

Com os resultados obtidos nesta seção podemos obter algebricamente os valores trigonométricos de outros arcos, como temos nos exercícios no final deste capítulo.

5.4 O pentagrama e o φ

Usaremos agora os resultados obtidos anteriormente, i.e., $\cos 36° = \dfrac{\varphi}{2}$ e $\cos 72° = \dfrac{1}{2\varphi}$, para justificar que as medidas do pentagrama inscrito num pentágono regular possui razões áureas.

Considere o pentagrama inscrito no pentágono regular $ABCDE$ na figura abaixo, onde o lado do pentágono mede 1 unidade de comprimento ($\overline{AB} = \overline{BC} = \overline{CD} = \overline{EA} = 1$).

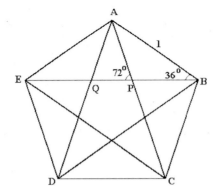

Vamos determinar a medida $\ell = \overline{AP} = \overline{PB}$ do triângulo isósceles ABP usando a lei dos cossenos:

$$\ell^2 = 1^2 + \ell^2 - 2 \cdot 1 \cdot \ell \cdot \cos 36° \Rightarrow 1 = 2\ell \cos 36° = 2\ell \cdot \dfrac{\varphi}{2} \Rightarrow \ell = \dfrac{1}{\varphi},$$

ou seja, mostramos que $\overline{BP} = \dfrac{1}{\varphi}$.

Observando que o triângulo AQP é isósceles, levantando a altura relativa ao lado $\overline{QP}$, determinamos um triângulo retângulo ATP, onde T é a mediana do segmento $\overline{QP}$. Com isto, de acordo com a trigonometria no triângulo retângulo, temos

$$\cos 72° = \dfrac{\overline{TP}}{\overline{AP}} = \dfrac{\overline{TP}}{\dfrac{1}{\varphi}} \Rightarrow \overline{TP} = \dfrac{1}{2\varphi^2},$$

e com isto, determinamos

$$\overline{QP} = 2\overline{TP} = 2 \cdot \dfrac{1}{2\varphi^2} = \dfrac{1}{\varphi^2}$$

60 5.4 O pentagrama e o φ

Vamos agora determinar a medida de $\overline{EB}$. Conforme o esquema abaixo e lembrando as potências de φ, temos

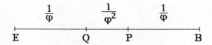

$$\overline{EB} = \frac{1}{\varphi} + \frac{1}{\varphi^2} + \frac{1}{\varphi} = \frac{\varphi + 1 + \varphi}{\varphi^2} = \frac{1 + 2\varphi}{\varphi^2} = \frac{\varphi^3}{\varphi^2} = \varphi.$$

Ainda, observe que

$$\overline{EP} = \frac{1}{\varphi} + \frac{1}{\varphi^2} = \frac{\varphi + 1}{\varphi^2} = \frac{\varphi^2}{\varphi^2} = 1,$$

e com isso, temos

$$\frac{\overline{EB}}{\overline{EP}} = \frac{\varphi}{1} = \varphi.$$

Também, vemos no esquema acima que

$$\frac{\overline{PB}}{\overline{QP}} = \frac{\frac{1}{\varphi}}{\frac{1}{\varphi^2}} = \varphi.$$

Notamos ainda que montando uma sequência infinita de pentagramas, cada um inscrito num pentágono interno que vai formando-se à medida que essa sequência vai sendo construída, montamos a sequência $(x_n) = (1, \frac{1}{\varphi}, \frac{1}{\varphi^2}, \frac{1}{\varphi^3}, ...)$, onde os termos ímpares formam a subsequência dos lados da sequência de pentágonos e a subsequência dos termos pares forma a sequência das medidas dos lados dos pentagramas formados. Observe o esquema abaixo e o cálculo apresentado.

5.4 O pentagrama e o φ

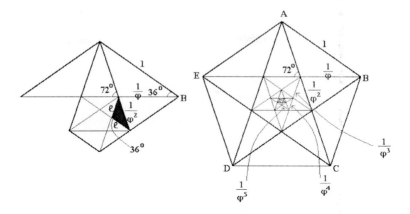

$$\ell^2 = \left(\frac{1}{\varphi^2}\right)^2 + \ell^2 - 2\frac{1}{\varphi^2}\ell \cos 36° \Rightarrow 0 = \frac{1}{\varphi^4} - 2\frac{1}{\varphi^2}\ell\frac{\varphi}{2} \Rightarrow \ell = \frac{1}{\varphi^3}.$$

Observe que em cada passo n da iteração, obtemos um triângulo isósceles de ângulo da base igual a 36°, lados ℓ_n e base $\frac{1}{\varphi^n}$, c.f. ilustração abaixo.

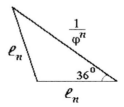

Assim, pela lei dos cossenos, determinamos a medida do lado ℓ_n desconhecida:

$$\ell_n^2 = \left(\frac{1}{\varphi^n}\right)^2 + \ell_n^2 - 2\frac{1}{\varphi^n}\ell_n \cos 36° \Rightarrow \frac{1}{\varphi^{2n}} = 2\frac{1}{\varphi^n}\ell_n\frac{\varphi}{2} \Rightarrow$$

$$\Rightarrow \frac{1}{\varphi^{2n}} = \ell_n \frac{1}{\varphi^{n-1}} \Rightarrow \ell_n = \frac{1}{\varphi^{2n-n+1}} \Rightarrow \ell_n = \frac{1}{\varphi^{n+1}},$$

o que mostra que realmente geramos a sequência $(x_n) = (1, \frac{1}{\varphi}, \frac{1}{\varphi^2}, ...)$.

5.5 O π e a sequência de Fibonacci

Nesta seção, vamos deduzir uma fórmula que relaciona a sequência de Fibonacci e o número irracional π. Para isto, vamos calcular o valor de $\arctan \frac{1}{2} + \arctan \frac{1}{3}$. Para isto, seja $w = \arctan \frac{1}{2} + \arctan \frac{1}{3}$, onde w é um arco do primeiro quadrante. Lembrando que

$$\tan(\alpha + \beta) = \frac{\tan \alpha + \tan \beta}{1 - \tan \alpha \cdot \tan \beta},$$

temos

$$\tan w = \tan \left(\arctan \frac{1}{2} + \arctan \frac{1}{3} \right) = \frac{\frac{1}{2} + \frac{1}{3}}{1 - \frac{1}{2} \cdot \frac{1}{3}} = \frac{\frac{5}{6}}{\frac{5}{6}} = 1.$$

Portanto, $w = \arctan 1 = \frac{\pi}{4}$. Assim, temos

$$\frac{\pi}{4} = \arctan \frac{1}{2} + \arctan \frac{1}{3}. \tag{5.1}$$

Repare que os argumentos dos arcos tangentes são: $\frac{1}{2} = \frac{1}{f_3}$ e $\frac{1}{3} = \frac{1}{f_4}$, onde f_3 e f_4 são, respectivamente, o terceiro e o quarto termos da sequência de Fibonacci

$$(f_n) = (1, 1, 2, 3, 5, 8, 13, 21, ...).$$

Ou seja,

$$\frac{\pi}{4} = \arctan \frac{1}{f_3} + \arctan \frac{1}{f_4}.$$

Vamos agora calcular $\arctan \frac{1}{f_5} + \arctan \frac{1}{f_6}$ para ver o que obtemos, ou seja, vamos calcular $\arctan \frac{1}{5} + \arctan \frac{1}{8}$. Logo, da mesma forma que fizemos acima, temos

$$\tan \left(\arctan \frac{1}{5} + \arctan \frac{1}{8} \right) = \frac{\frac{1}{5} + \frac{1}{8}}{1 - \frac{1}{5} \cdot \frac{1}{8}} = \frac{\frac{13}{40}}{\frac{39}{40}} = \frac{1}{3},$$

ou seja, $\arctan \frac{1}{5} + \arctan \frac{1}{8} = \arctan \frac{1}{3}$. Levando esta última igualdade para (5.1), obtemos

$$\frac{\pi}{4} = \arctan\frac{1}{2} + \arctan\frac{1}{5} + \arctan\frac{1}{8}. \tag{5.2}$$

Seguindo estes raciocínios, temos ainda

$$\tan\left(\arctan\frac{1}{13} + \arctan\frac{1}{21}\right) = \frac{\dfrac{1}{13} + \dfrac{1}{21}}{1 - \dfrac{1}{13}\cdot\dfrac{1}{21}} = \frac{\dfrac{34}{273}}{\dfrac{272}{273}} = \frac{1}{8},$$

ou seja, $\arctan\dfrac{1}{8} = \arctan\dfrac{1}{13} + \arctan\dfrac{1}{21}$.

Levando esta igualdade para (5.2), obtemos

$$\frac{\pi}{4} = \arctan\frac{1}{2} + \arctan\frac{1}{5} + \arctan\frac{1}{13} + \arctan\frac{1}{21}, \tag{5.3}$$

ou seja, estamos expandindo $\dfrac{\pi}{4}$ como a soma

$$\frac{\pi}{4} = \arctan\frac{1}{f_3} + \arctan\frac{1}{f_5} + \arctan\frac{1}{f_7} + \arctan\frac{1}{f_8}$$

dos arcos tangentes dos inversos dos termos ímpares da sequência de Fibonacci, visto que o último termo, $\arctan\dfrac{1}{f_8}$, será, no próximo passo, substituído por $\arctan\dfrac{1}{f_9} + \arctan\dfrac{1}{f_{10}}$ e assim por diante.

Ou seja, estamos deduzindo que

$$\frac{\pi}{4} = \sum_{n=1}^{+\infty} \arctan\frac{1}{f_{2n+1}}. \tag{5.4}$$

Façamos a demonstração desta igualdade. Escrevendo

$$\frac{\pi}{4} = \sum_{n=1}^{k} \arctan\frac{1}{f_{2n+1}} + \arctan\frac{1}{f_{2k+2}}, \tag{5.5}$$

provaremos a afirmação seguinte:

Af.: $\arctan\dfrac{1}{f_{2n+3}} + \arctan\dfrac{1}{f_{2n+4}} = \arctan\dfrac{1}{f_{2n+2}}, \ \forall n > 1.$

64   5.5 O π e a sequência de Fibonacci

De fato, sabendo que $\tan(\alpha + \beta) = \dfrac{\tan\alpha + \tan\beta}{1 - \tan\alpha \cdot \tan\beta}$, para $\alpha = \dfrac{1}{f_{2n+3}}$ e $\beta = \dfrac{1}{f_{2n+4}}$, queremos verificar a igualdade

$$\frac{\dfrac{1}{f_{2n+3}} + \dfrac{1}{f_{2n+4}}}{1 - \dfrac{1}{f_{2n+3}} \cdot \dfrac{1}{f_{2n+4}}} = \frac{1}{f_{2n+2}},$$

que equivale mostrar que

$$\frac{f_{2n+4} + f_{2n+3}}{f_{2n+4} \cdot f_{2n+3} - 1} = \frac{1}{f_{2n+2}} \Leftrightarrow f_{2n+2}\left(f_{2n+4} + f_{2n+3}\right) = f_{2n+4} \cdot f_{2n+3} - 1 \Leftrightarrow$$

$$\Leftrightarrow f_{2n+2} \cdot f_{2n+5} = f_{2n+4} \cdot f_{2n+3} - 1.$$

Para provar essa igualdade por completo, provaremos primeiramente o seguinte lema auxiliar:

Lema 5.1 $f_m \cdot f_{m+3} = f_{m+1} \cdot f_{m+2} + (-1)^{m+1}$, $\forall m > 1$.

Demonstração do lema. De fato, basta observar que $\forall m > 1$ temos

$$f_m \cdot f_{m+1} - f_{m+1} \cdot f_{m+2} = f_m \cdot (f_{m+2} + f_{m+1}) - f_{m+1} \cdot f_{m+2} =$$

$$= f_m \cdot f_{m+2} + f_m \cdot f_{m+1} - f_{m+1} \cdot (f_m + f_{m+1}) =$$

$$= f_m \cdot f_{m+2} + f_m \cdot f_{m+1} - f_m \cdot f_{m+1} - f_{m+1}^2 =$$

$$= f_m \cdot f_{m+2} - f_{m+1}^2 = (-1)^{m+1},$$

conforme a desigualdade de Cassini, do exercício 8 do capítulo 2 (basta tomar $m + 1 = n$ e identificamos a identidade de Cassini).
Portanto, concluímos que

$$f_m \cdot f_{m+1} - f_{m+1} \cdot f_{m+2} = (-1)^{m+1}, \ \forall m > 1,$$

o que prova o lema.

Logo, continuando com a demonstração inicial no nosso caso de interesse, temos $m = 2n + 2$ (par) e, portanto, pelo lema acima segue que

$$f_{2n+2} \cdot f_{2n+5} = f_{2n+4} \cdot f_{2n+3} + (-1)^{2n+3} = f_{2n+4} \cdot f_{2n+3} - 1.$$

5.6 O φ e os números complexos 65

Portanto, vale a afirmação **Af**. Com isto, mostramos que (5.5) é verdadeiro, ou seja,

$$\frac{\pi}{4} = \sum_{n=1}^{k} \arctan \frac{1}{f_{2n+1}} + \arctan \frac{1}{f_{2k+2}}.$$

Portanto, computando as devidas trocas como fizemos em (5.2) e (5.3), pois (5.5) permite, obter (5.4), mostramos que

$$\frac{\pi}{4} = \sum_{n=1}^{+\infty} \arctan \frac{1}{f_{2n+1}}.$$

c.q.d.

5.6   O φ e os números complexos

Algumas relações interessantes entre os números complexos e o número de ouro podem ser deduzidas. Mostraremos que, sendo $i = \sqrt{-1}$ a unidade imaginária, no conjunto $\mathbb{C}$ dos números complexos vale

$$\operatorname{sen}(i \ln \varphi) = \frac{i}{2}.$$

De fato, da teoria das funções[1], temos que o seno de um arco x pode ser expresso por

$$\operatorname{sen} x = \frac{e^{ix} - e^{-ix}}{2i}.$$

Em particular, para $x = i \ln \varphi$, temos

$$\operatorname{sen}(i \ln \varphi) = \frac{e^{i \cdot i \ln \varphi} - e^{-i \cdot i \ln \varphi}}{2i} = \frac{e^{-\ln \varphi} - e^{\ln \varphi}}{2i} =$$

$$= \frac{e^{\frac{1}{\varphi}} - e^{\ln \varphi}}{2i} = \frac{\frac{1}{\varphi} - \varphi}{2i} = \frac{1 - \varphi^2}{2\varphi i}.$$

Como $\varphi^2 = 1 + \varphi$, temos

$$\operatorname{sen}(i \ln \varphi) = \frac{1 - (1 + \varphi)}{2\varphi i} = \frac{-1}{2i} \cdot \frac{-i}{-i} = \frac{i}{2}.$$

---

[1] Consulte, por exemplo, [Mz].

66 5.6 O φ e os números complexos

A partir da igualdade obtida acima, sendo $\operatorname{sen}^2 z + \cos^2 z = 1$, temos

$$\cos(i\ln\varphi) = \sqrt{1 - \operatorname{sen}^2(i\ln\varphi)} = \sqrt{1 - \left(\frac{i}{2}\right)^2} = \sqrt{1 + \frac{1}{4}} = \frac{\sqrt{5}}{2}.$$

Ainda,

$$\tan(i\ln\varphi) = \frac{\operatorname{sen}(i\ln\varphi)}{\cos(i\ln\varphi)} = \frac{\dfrac{i}{2}}{\dfrac{\sqrt{5}}{2}} = \frac{i}{\sqrt{5}}.$$

Uma outra aplicação, onde aparece o número de ouro com os números complexos, é a questão de obter as raízes quintas do complexo $z = -1$.

Para resolver essa questão, devemos recordar a fórmula de *De Moivre* para a obtenção das raízes ene-ésimas de um complexo z:

$$\sqrt[n]{z} = \sqrt[n]{\rho}\left(\cos\frac{2k\pi + \theta}{n} + i\operatorname{sen}\frac{2k\pi + \theta}{n}\right),$$

onde $k = 0, 1, 2, ..., n - 1$, ρ é o módulo de z e θ é o seu argumento.

Assim, como o complexo $z = -1$ tem a representação trigonométrica $z = \cos\pi + i\operatorname{sen}\pi$, visto que $\rho = \sqrt{(-1)^2 + (0)^2} = 1$ e $\theta = \pi$ radianos, temos que $\sqrt[5]{-1}$ tem as raízes quintas:

- $k = 0 : z_1 = \cos\dfrac{\pi}{5} + i\operatorname{sen}\dfrac{\pi}{5} = \cos 36^\circ + i\operatorname{sen} 36^\circ = \dfrac{\varphi}{2} + i\dfrac{\sqrt{4 - \varphi^2}}{2};$

- $k = 1 : z_2 = \cos\dfrac{2\pi + \pi}{5} + i\operatorname{sen}\dfrac{2\pi + \pi}{5} = -\cos 72^\circ + i\operatorname{sen} 72^\circ;$

- $k = 2 : z_3 = \cos\dfrac{4\pi + \pi}{5} + i\operatorname{sen}\dfrac{4\pi + \pi}{5} = \cos\pi + i\operatorname{sen}\pi = -1;$

- $k = 3 : z_4 = \cos\dfrac{6\pi + \pi}{5} + i\operatorname{sen}\dfrac{6\pi + \pi}{2} = -\cos 72^\circ - i\operatorname{sen} 72^\circ;$

- $k = 4 : z_5 = \cos\dfrac{8\pi + \pi}{5} + i\operatorname{sen}\dfrac{8\pi + \pi}{5} =$

$$= \cos 36^\circ - i\operatorname{sen} 36^\circ = \frac{\varphi}{2} - i\frac{\sqrt{4 - \varphi^2}}{2}$$

Deixamos para o leitor determinar, em termos de φ, as raízes quintas de -1 quando $k = 1$ e $k = 3$.

Geometricamente, as raízes quintas de -1 correspondem aos vértices de um pentágono regular centrado na origem do plano complexo e vértices em $z_1, ..., z_5$.

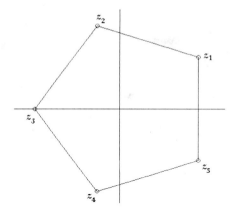

Representação geométrica das raízes

5.7 Exercícios

1. Determine as demais linhas trigonométricas para o arco de 36^0.

2. A partir do sen 18^0, determine o $\cos 18^0$.

3. Um barco está distante 1 km de um farol e avista o topo desse farol sob um ângulo de 18^0. Calcule a altura desse farol.

4. Obtenha a medida dos segmentos $\overline{BD}$ e $\overline{BC}$ da figura.

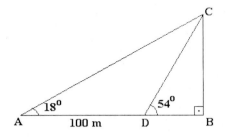

5. Determine o $\cos 66^0$.

6. Determine o $\cos 6^0$ e, em seguida, o $\cos 3^0$.

7. Determine o $\cos 57^0$.

Bibliografia

[Aa]   AZEVEDO, A. Sequências de Fibonacci. UnB. Revista do professor de Matemática núm. 45, 2001. pág. 44-47.

[Dg]   FIGUEIREDO, D.G. Análise I. LTC Editora. 2a Ed., 1996.

[Ea]   FILHO, E. A. Teoria Elementar dos Números. 3 ed. Editora Nobel S.A., São Paulo - 1992.

[El]   LIMA, E. L. Curso de Análise. Vol 1. 12a ed. Projeto Euclides. IMPA, RJ - 2007.

[He]   EVES, H. Introdução à História da Matemática. Ed. Unicamp, SP - 1990.

[Hh]   DOMINGUES, H.H. Fundamentos de Aritmética. Atual editora, SP - 1991.

[Mz]   ZAHN, M. Teoria Elementar das Funções. Ed. Ciência Moderna. RJ - 2009.

[Nv]   VOROBIOV, N.N. Numeros de Fibonacci. Lecciones populares de matemáticas. Editorial Mir, Moscú - 1974.

[Rm]   MOLLIN, R. A. Fundamental Number Theory with Applications. CRC Press. N.Y.- 1998.

[Sh]   HAZZAN, S. Fundamentos de Matemática Elementar, vol. 5 (Combinatória e probabilidade). Atual Editora, SP - 2006.

Índice

Binet, fórmula, 15
bromélia, 41

Cassini, identidade, 22
constante recíproca de Fibonacci, 21

De Moivre, fórmula, 66

espiral, 32
espiral de ouro, 32

galáxia, 41
girassol, 39

Hormuzd Rassam, 25

interno, ângulo, 55

Leonardo da Vinci, 26
Leonardo Fibonacci, 1
liber abbaci, 1
Lucas, sequência, 22

Michelangelo, 43
Monalisa, 41

número de ouro, 24
números de Fibonacci, 6

papiro de Rhind, 5, 25
Partenon, 43
pentagrama, 57
pinhão, 39

potências de φ, 29

razão áurea, 23
reprodução de coelhos, 5
retângulo áureo, 31

separação de variáveis, 36
sequência de Fibonacci, 6

Tábua de Shamash, 25

vitruviano, homem, 26

72 ÍNDICE

Créditos das figuras, por capítulo (as que não estão indicadas aqui foram feitas pelo autor).

1.1: Foto de Fibonacci: www.educ.fc.ul.pt/icm/icm99/icm41/quemefib.htm

2.3.3 Flores:
margarida de 13 pétalas:
http://diariodebiologia.com/2009/02/sabia-que-a-margarida-nao-e-uma-flor/

margarida de 34 pétalas:
i204.photobucket.com/albums/bb124/paulolima01/Album/margarida.jpg

granola e flor amarela:
http://www.trekearth.com/gallery/Europe/Portugal/South/Setubal/

lírio de 5 pétalas:
http://www.abbra.com.br/flower.htm

3.1: papiro de Rhind: www.mat.uel.br/geometrica/artigos/ST-15-TC.pdf

3.1: Tábua de Shamash:
http://history.missouristate.edu/jchuchiak/HST%20101-Lecture
    %202cuneiform_writing.htm

3.1: homem vitruviano: http://pessoal.sercomtel.com.br/matematica/alegria/
    fibonacci/seqfib2.htm

3.4: espiral: http://pessoal.sercomtel.com.br/matematica/alegria/
    fibonacci/seqfib2.htm

3.4: pinhão: www.educ.fc.ul.pt/icm/icm99/icm41/natureza.htm

3.4: bromélia: http://prof.augusto.zip.net/arch2008-07-13_2008-07-19.html

3.4: pintura de Michelangelo da Criação do Homem:
    www.planetaeducacao.com.br/novo/artigo.asp?ar...

3.4: Tumba de Lorenzo de Médicis, por Michelangelo:
http://www.taringa.net/posts/arte/1934549/Espacio-Artistico-en-T!—
Miguel-Angel.html

3.4: catedral de Notre Dame: www.nartex.org/_pages/francia.htm
3.4: Partenon:
www.uam.es/personal_pdi/ciencias/barcelo/pacioli/artenatura.html

ANOTAÇÕES

Impressão e acabamento
Gráfica da Editora Ciência Moderna Ltda.
Tel: (21) 2201-6662